网络空间安全重点规划丛书

防火墙技术及应用

杨东晓　张锋　熊瑛　任晓贤　雷敏　编著

U0197860

清华大学出版社
北京

内 容 简 介

本书全面介绍防火墙技术及应用知识。全书共 5 章,主要内容包括防火墙基本知识、防火墙技术、防火墙网络部署、防火墙安全功能应用和典型案例。每章最后提供了相应的思考题。

本书由奇安信集团针对高校网络空间安全专业的教学规划组织编写,既适合作为网络空间安全、信息安全等专业的本科生相关专业基础课程的教材,也适合作为网络安全研究人员的入门基础读物。

图书在版编目(CIP)数据

防火墙技术及应用/杨东晓等编著. —北京:清华大学出版社,2019(2024.2 重印)
(网络空间安全重点规划丛书)
ISBN 978-7-302-51961-4

Ⅰ.①防… Ⅱ.①杨… Ⅲ.①防火墙技术 Ⅳ.①TP393.082

中国版本图书馆 CIP 数据核字(2018)第 291013 号

责任编辑:张 民 战晓雷
封面设计:常雪影
责任校对:李建庄
责任印制:杨 艳

出版发行:清华大学出版社
  网 址:https://www.tup.com.cn,https://www.wqxuetang.com
  地 址:北京清华大学学研大厦 A 座   邮 编:100084
  社 总 机:010-83470000   邮 购:010-62786544
  投稿与读者服务:010-62776969,c-service@tup.tsinghua.edu.cn
  质量反馈:010-62772015,zhiliang@tup.tsinghua.edu.cn
  课件下载:https://www.tup.com.cn,010-83470236
印 装 者:三河市人民印务有限公司
经 销:全国新华书店
开 本:185mm×260mm   印 张:10   字 数:227 千字
版 次:2019 年 1 月第 1 版   印 次:2024 年 2 月第 9 次印刷
定 价:29.00 元

产品编号:080620-01

出版说明

　　21世纪是信息时代,信息已成为社会发展的重要战略资源,社会的信息化已成为当今世界发展的潮流和核心,而信息安全在信息社会中将扮演极为重要的角色,它会直接关系到国家安全、企业经营和人们的日常生活。随着信息安全产业的快速发展,全球对信息安全人才的需求量不断增加,但我国目前信息安全人才极度匮乏,远远不能满足金融、商业、公安、军事和政府等部门的需求。要解决供需矛盾,必须加快信息安全人才的培养,以满足社会对信息安全人才的需求。为此,教育部继2001年批准在武汉大学开设信息安全本科专业之后,又批准了多所高等院校设立信息安全本科专业,而且许多高校和科研院所已设立了信息安全方向的具有硕士和博士学位授予权的学科点。

　　信息安全是计算机、通信、物理、数学等领域的交叉学科,对于这一新兴学科的培养模式和课程设置,各高校普遍缺乏经验,因此中国计算机学会教育专业委员会和清华大学出版社联合主办了"信息安全专业教育教学研讨会"等一系列研讨活动,并成立了"高等院校信息安全专业系列教材"编审委员会,由我国信息安全领域著名专家肖国镇教授担任编委会主任,指导"高等院校信息安全专业系列教材"的编写工作。编委会本着研究先行的指导原则,认真研讨国内外高等院校信息安全专业的教学体系和课程设置,进行了大量具有前瞻性的研究工作,而且这种研究工作将随着我国信息安全专业的发展不断深入。系列教材的作者都是既在本专业领域有深厚的学术造诣,又在教学第一线有丰富的教学经验的学者、专家。

　　该系列教材是我国第一套专门针对信息安全专业的教材,其特点是:

　　① 体系完整、结构合理、内容先进。

　　② 适应面广:能够满足信息安全、计算机、通信工程等相关专业对信息安全领域课程的教材要求。

　　③ 立体配套:除主教材外,还配有多媒体电子教案、习题与实验指导等。

　　④ 版本更新及时,紧跟科学技术的新发展。

　　在全力做好本版教材,满足学生用书的基础上,还经由专家的推荐和审定,遴选了一批国外信息安全领域优秀的教材加入系列教材中,以进一步满足大家对外版书的需求。"高等院校信息安全专业系列教材"已于2006年年初正式列入普通高等教育"十一五"国家级教材规划。

　　2007年6月,教育部高等学校信息安全类专业教学指导委员会成立大会暨第一次会议在北京胜利召开。本次会议由教育部高等学校信息安全类专业教学指导委员会主任单位北京工业大学和北京电子科技学院主办,清华大学出版社协办。教育部高等学校信息安全类专业教学指导委员会的成立对我国信息安全专业的发展起到重要的指导和推动作用。2006 年,教育部给武汉大学下达了"信息安全专业指导性专业规范研制"的教学科研项目。2007 年起,该项目由教育部高等学校信息安全类专业教学指导委员会组织实施。在高教司和教指委的指导下,项目组团结一致,努力工作,克服困难,历时 5年,制定出我国第一个信息安全专业指导性专业规范,于 2012 年年底通过经教育部高等教育司理工科教育处授权组织的专家组评审,并且已经得到武汉大学等许多高校的实际使用。2013 年,新一届教育部高等学校信息安全专业教学指导委员会成立。经组织审查和研究决定,2014 年,以教育部高等学校信息安全专业教学指导委员会的名义正式发布《高等学校信息安全专业指导性专业规范》(由清华大学出版社正式出版)。

2015 年 6 月,国务院学位委员会、教育部出台增设"网络空间安全"为一级学科的决定,将高校培养网络空间安全人才提到新的高度。2016 年 6 月,中央网络安全和信息化领导小组办公室(下文简称"中央网信办")、国家发展和改革委员会、教育部、科学技术部、工业和信息化部及人力资源和社会保障部六大部门联合发布《关于加强网络安全学科建设和人才培养的意见》(中网办发文〔2016〕4 号)。2019 年 6 月,教育部高等学校网络空间安全专业教学指导委员会召开成立大会。为贯彻落实《关于加强网络安全学科建设和人才培养的意见》,进一步深化高等教育教学改革,促进网络安全学科专业建设和人才培养,促进网络空间安全相关核心课程和教材建设,在教育部高等学校网络空间安全专业教学指导委员会和中央网信办组织的"网络空间安全教材体系建设研究"课题组的指导下,启动了"网络空间安全重点规划丛书"的工作,由教育部高等学校网络空间安全专业教学指导委员会秘书长封化民教授担任编委会主任。本规划丛书基于"高等院校信息安全专业系列教材"坚实的工作基础和成果、阵容强大的编审委员会和优秀的作者队伍,目前已有多部图书获得中央网信办与教育部指导和组织评选的"网络安全优秀教材奖",以及"普通高等教育本科国家级规划教材""普通高等教育精品教材""中国大学出版社图书奖"等多个奖项。

"网络空间安全重点规划丛书"将根据《高等学校信息安全专业指导性专业规范》(及后续版本)和相关教材建设课题组的研究成果不断更新和扩展,进一步体现科学性、系统性和新颖性,及时反映教学改革和课程建设的新成果,并随着我国网络空间安全学科的发展不断完善,力争为我国网络空间安全相关学科专业的本科和研究生教材建设、学术出版与人才培养做出更大的贡献。

我们的 E-mail 地址是:zhangm@tup.tsinghua.edu.cn,联系人:张民。

"网络空间安全重点规划丛书"编审委员会

前 言

没有网络安全,就没有国家安全;没有网络安全人才,就没有网络安全。

为了更多、更快、更好地培养网络安全人才,如今许多学校都在努力培养网络安全人才,都在下大功夫、花大本钱,聘请优秀老师,招收优秀学生,建设一流的网络空间安全专业。

网络空间安全专业建设需要体系化的培养方案、系统化的专业教材和专业化的师资队伍。优秀教材是网络空间安全专业人才培养的关键。但是,这是一项十分艰巨的任务。原因有二:其一,网络空间安全的涉及面非常广,至少包括密码学、数学、计算机、通信工程、信息工程等多门学科,因此,其知识体系庞杂,难以梳理;其二,网络空间安全的实践性很强,技术发展更新非常快,对环境和师资要求也很高。

"防火墙技术及应用"是网络空间安全和信息安全专业的基础课程,全面介绍防火墙技术及应用知识。全书共5章。第1章介绍防火墙基本知识,第2章介绍防火墙技术,第3章介绍防火墙网络部署,第4章介绍防火墙安全功能应用,第5章介绍典型案例。

本书既适合作为网络空间安全、信息安全等专业的本科生相关专业基础课程的教材,也适合作为网络安全研究人员的入门基础读物。本书将随着新技术的发展而更新。

由于作者水平有限,书中难免存在疏漏和不妥之处,欢迎读者批评指正。

作 者
2018 年 11 月

目 录

第1章

防火墙基本知识

本章主要介绍防火墙的基础知识。通过本章的学习,应理解防火墙产生的原因、防火墙的历史及发展趋势、安全域的基本概念和边界防御思想、防火墙产品标准、下一代防火墙的体系结构。

1.1 防火墙概述

1.1.1 防火墙产生的原因

网络的发展在为人们的工作和生活带来极大便利的同时也带来各种安全隐患。攻击者利用网络协议和软件安全漏洞对信息系统进行攻击;各种计算机病毒和木马程序在网络上传播,危害信息系统;攻击者盗取各种隐私信息,给公民的财产造成巨大损失;日益频发的网络安全问题给人们日常工作和生活带来极大威胁。

把不同安全级别的网络相连接,就产生了网络边界。例如,企业内部的网络和外部网络就是两种不同安全级别的网络,这两种不同安全级别的网络中间就是网络边界。从网络安全技术的角度来看,防火墙位于网络边界处,是保护内部网络免遭外部网络威胁的系统或者系统的组合,这些组合可以是硬件、软件或者是软硬件的组合。其中,软件形式的防火墙安装灵活,便于升级扩展,但其安全性受限于操作系统平台;硬件形式的防火墙基于特定用途的集成电路开发,性能优越,但其可扩展性差;软硬件结合的防火墙性能较高,也具有一定的可扩展性和灵活性。

网络边界是安全防护的重要阵地,防火墙在不危及内部网络数据和其他资源的前提下,允许本地用户使用外部网络资源,并将外部未被授权的用户屏蔽在内部网络之外,从而解决了因内部网络用户连接外部网络所带来的安全问题和外部网络中恶意的攻击者恶意攻击内部网络各种资源的安全问题。防火墙技术是保护网络安全最常用的技术之一。

1.1.2 防火墙定义

防火墙(firewall)是指设置在不同网络(如可信任的企业内部网和不可信的公共网)或网络安全域(security zone)之间的一系列部件的组合。它是不同网络或网络安全域之间信息的唯一出入口,能根据企业的安全政策控制(允许、拒绝、监测)出入网络的信息流,且本身具有较强的抗攻击能力。防火墙结构示意图见图 1-1。

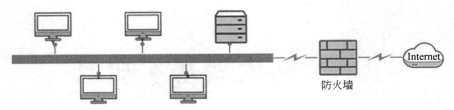

图 1-1　防火墙结构示意图

在 2015 年我国发布的编号为 GB/T 20281—2015 国家标准《信息安全技术　防火墙安全技术要求和测试评价方法》中对防火墙的定义为"部署于不同安全域之间,具备网络层访问控制及过滤功能,并具备应用层协议分析、控制及内容检测等功能,能够适用于IPv4、IPv6 等不同的网络环境的安全网关产品"。

随着技术的不断进步,防火墙逐步发展到下一代防火墙,下一代防火墙可以全面应对应用层威胁,通过深入洞察网络流量中的用户、应用和内容,并借助全新的高性能单路径异构并行处理引擎,能够为用户提供有效的应用层一体化安全防护,帮助用户安全地开展业务并简化用户的网络安全架构。

1.1.3　防火墙的作用

随着防火墙的不断发展,其功能越来越丰富,但是防火墙最基础的两大功能仍然是隔离和访问控制。隔离功能就是在不同信任级别的网络之间砌"墙",而访问控制就是在墙上开"门"并派驻守卫,按照安全策略来进行检查和放行。一个典型的企业网防火墙部署如图 1-2 所示。

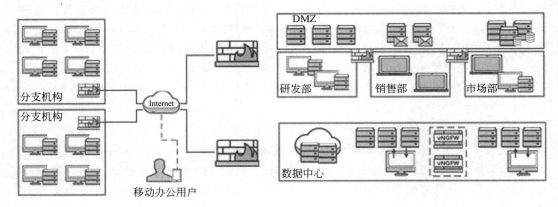

图 1-2　典型的企业网防火墙部署示例

防火墙的主要作用通常包括以下几点。

1. 提供基础组网和防护功能

防火墙能够满足企业环境的基础组网和基本的攻击防御需求。防火墙可以实现网络连通并限制非法用户发起的内外攻击,比如黑客、网络破坏者等,禁止存在安全脆弱性的服务和未授权的通信数据包进出网络,并对抗各种攻击。

2. 记录和监控网络存取与访问

作为单一的网络接入点,所有进出信息都必须通过防火墙,所以防火墙可以收集关于系统和网络使用和误用的信息并做出日志记录。通过防火墙可以很方便地监视网络的安全性,并在异常时给出报警提示。

3. 限定内部用户访问特殊站点

防火墙通过用户身份认证(如 IP 地址等)来确定合法用户,并通过事先确定的完全检查策略来决定内部用户可以使用的服务以及可以访问的网站。

4. 限制暴露用户点

利用防火墙对内部网络的划分,可实现网络中网段的隔离,防止影响一个网段的问题通过整个网络传播,从而限制了局部重点或敏感网络安全问题对全局网络造成的影响,同时保护一个网段不受来自网络内部其他网段的攻击,保障网络内部敏感数据的安全。

5. 网络地址转换

防火墙可以作为部署 NAT(Network Address Translation,网络地址转换)的逻辑地址来缓解地址空间短缺的问题,并消除在变换 ISP(Internet Service Provider,互联网服务提供商)时带来的重新编址的麻烦。

6. 虚拟专用网

防火墙还支持具有 Internet 服务特性的企业内部网络技术体系——虚拟专用网络(Virtual Private Network,VPN)。通过 VPN 将企事业单位在地域上分布在世界各地的局域网或专用子网有机联成一个整体。

1.2　防火墙的前世今生

1.2.1　防火墙发展历史及分类

防火墙的发展大致经历了第一代、第二代、第三代、第四代、第五代、统一威胁管理和下一代防火墙 7 个重要阶段。从第一代防火墙出现至今已有三十多年的历史,在发展过程中,不断发展的网络技术对防火墙也提出各种新需求,这些新需求推动着防火墙向前不断发展演进。下面简要介绍防火墙的发展历史。

1. 第一代防火墙

第一代防火墙采用静态包过滤(statics packet filter)技术,是依附于路由器的包过滤功能实现的防火墙,称为包过滤防火墙。随着网络安全的重要性和对防火墙性能要求的提高,防火墙逐渐发展成为一个独立结构的、有专门功能的设备。包过滤防火墙根据定义好的过滤规则审查每个数据包,以便确定其是否与某一条包过滤规则相匹配。包过滤类型的防火墙遵循"最小特权原则",即允许管理员通过设定策略决定数据包是否能通过防火墙。

2. 第二代防火墙

贝尔实验室在 1989 年推出第二代防火墙。第二代防火墙也称电路层防火墙,通过使用 TCP 连接将可信任网络中继到非信任网络来工作,但是客户端和服务器之间是不会直接连接的。电路层防火墙不能感知应用协议,必须由客户端提供连接信息。

3. 第三代防火墙

贝尔实验室在 1989 年同时提出了第三代防火墙,也就是应用层防火墙(也称代理防火墙)的初步结构。应用层防火墙通过代理服务实现防火墙内外计算机系统的隔离。

4. 第四代防火墙

1992 年,美国南加利福尼亚大学信息科学院的 Bob Braden 开发了基于动态包过滤(dynamic packet filter)技术的第四代防火墙。这一类型的防火墙采用动态设置包过滤规则的方法,避免了静态包过滤技术的问题,依据设定好的过滤逻辑,检查数据流中的每个数据包,根据数据包的源地址、目标地址以及数据包所使用的端口确定是否允许该类型的数据包通过。1994 年,市面上出现了第四代防火墙产品,即以色列 CheckPoint 公司推出的基于这种技术的商业化产品。

5. 第五代防火墙

1998 年,NAI 公司推出了一种自适应代理(adaptive proxy)技术,并在其产品 Gauntlet Firewall for NT 中得以实现,给代理类型的防火墙赋予了全新的意义,人们将其称为第五代防火墙。

6. 统一威胁管理

2004 年,国际数据公司(IDC)提出统一威胁管理(United Threat Management, UTM)的概念,即将防病毒、入侵检测和防火墙安全设备划归统一威胁管理。从这个定义上来看,IDC 既提出了 UTM 产品的具体形态,又涵盖了更加深远的逻辑范畴。从定义的前半部分来看,众多安全厂商提出的多功能安全网关、综合安全网关、一体化安全设备等产品都可被划归到 UTM 产品的范畴;而从定义的后半部分来看,UTM 的概念还体现出信息产业经过多年发展之后对安全体系的整体认识和深刻理解。

2004 年后,UTM 市场得到了快速的发展,但也面临新的问题。首先是应用层信息的检测程度受到限制;其次是性能问题,因为 UTM 中多个功能同时运行,设备的处理性能将会严重下降。

7. 下一代防火墙

2008 年,Palo Alto Networks 公司发布了下一代防火墙,解决了多个功能同时运行时性能下降的问题,同时还可基于用户、应用和内容进行管控。

2009 年,权威咨询机构 Gartner 提出了以应用感知和全栈可视化、深度集成 IPS、适用于大企业环境并集成外部安全智能为主要技术特点的下一代防火墙产品定义雏形,这是"下一代防火墙"这一技术名词被首次提出。

Gartner 在这份名为 *Defining the Next-Generation Firewall* 的报告中提出了以下

重要观点：

（1）下一代防火墙应具备对网络应用的感知和识别能力，实现完全抛开协议端口的应用可视化和应用控制。

（2）集成具有高质量的 IPS 引擎和特征码，是下一代防火墙的一个重要特征，IPS 应被深度集成到下一代防火墙中，和应用识别能力一样，成为下一代防火墙的一个基本能力，而并非将这些功能简单堆砌并独立管理、独立运行。

（3）下一代防火墙包含基础防火墙的全部功能，并深度集成了 IPS 功能。随着传统防火墙、IPS 的自然更新，一部分用户可以考虑使用下一代防火墙替代传统防火墙或 IPS 设备。

（4）下一代防火墙并不是以中小企业用户为主要目标市场的多功能防火墙或统一威胁管理设备。

阻断越权访问和恶意连接，并提供可预测的功能，是用户对安全网关设备最基本的功能预期。通过设置适当的安全策略，对企业的业务流量进行最小特权和白名单模式的放行，并实时检测存在于被允许流量中的威胁，是安全网关产品部署的最佳实践。下一代防火墙出现的原动力是为了在新的威胁环境下更好地满足上述要求。传统的防火墙、统一威胁管理产品在越来越多的场景下呈现出以下不足：

（1）基于网络层操作的传统防火墙只能根据数据的 IP 地址、协议、端口信息来检测流量。随着网络应用的爆炸式发展，以及大量应用程序建立在 HTTP 或 HTTPS 等协议之上，传统防火墙已无法满足用户对业务流量可视和可控的需求。

（2）漏洞利用、间谍软件、僵尸网络等应用层攻击已成为主流，此类攻击能够以业务流量为载体，传统防火墙依靠数据包头异常、连接频度等检测手段已无法识别此类威胁，利用 IPS 引擎对数据包的载荷部分进行深入检测已成为必要手段。

（3）在下一代防火墙提出之前，市场上已存在集多种安全功能于一体的安全网关设备，但由于功能的简单堆砌，设备在开启较多安全功能之后性能衰减严重，并不能满足大企业环境对安全设备性能可预测性的需要。

从市场需求来看，下一代防火墙顺应安全局势而生，新产品品类的出现已是必然。

近些年，各个安全厂商也推出了各自的下一代防火墙产品，防火墙进入了一个新的时代。业界对下一代防火墙也有了更准确的定义：下一代防火墙是部署于两个或多个计算机网络间，以应用、用户和内容识别为基本能力，在对网络流量深度可视化的基础上，通过统一策略管理确保在网络间安全启用应用的安全设备。此外，下一代防火墙应提供多维的信息关联，具有风险感知、异常分析和事件回溯功能，并能与外部的智能系统联动。

1.2.2　防火墙的新技术趋势

未来几年，下一代防火墙的技术发展趋势将重点体现在以下方面。

1. 应用识别能力提升

在"互联网＋"时代，网络应用的发展空前繁盛，网络中的应用数量呈几何级数增长。下一代防火墙要向用户提供深度可视化和精细化控制的功能，必须建立在对网络应用和应用内容全面、准确识别的基础之上。因此，下一代防火墙对网络流量的识别广度、深度和精度将随着应用数量、复杂程度的变化而持续提升。

2. 可视化能力提升

随着威胁环境的变化，安全能力正在由防范为主向快速检测和响应能力的构建转换。实现安全启用应用，首先应"看见"应用，其次是在此基础上持续监控和感知应用的风险、异常变化等，这些信息将为制定适合企业业务的安全策略提供基础的决策依据。下一代防火墙对于网络流量、应用风险和情境的可见性将直接决定其安全性和有效性。未来，下一代防火墙将持续提升其可视化能力，以满足用户要求越来越高的网络全局"能见度"的需求。

3. 智能化程度提升

安全防护正逐步从"个体或单个组织"的防护方式转变为"安全情报驱动"的信息共享和集体协作方式。依靠下一代防火墙单点的防护并不足以实现安全，下一代防火墙会融合更加丰富的安全功能，并与其他外部的安全智能系统实现无缝联动，如联动沙箱、威胁情报检测、基于云计算的安全信誉机制、基于大数据的异常行为分析技术等，以提高其对策略执行的判断力和事件响应的智能化程度。

4. 处理性能提升

下一代防火墙需要处理的安全事务将会越来越复杂。当前下一代防火墙的最大处理性能可适用于大型企业网、数据中心等场景。要满足大型数据中心、运营商网络环境的更高性能要求，必须优化软硬件架构，并持续提高应用层处理性能和安全检测性能。

5. 防火墙云端虚拟化

随着云计算技术的逐步成熟和应用，越来越多的应用和服务由云端提供。用户可以根据需求租用或者购买云端提供的虚拟化防火墙服务，而不是购买防火墙硬件设备部署在网络边界。云端虚拟化技术不仅是防火墙发展的趋势，也是各种应用和服务发展的趋势。目前，防火墙和 WAF（Web Application Firewall，Web 应用防火墙）等设备也趋向云端虚拟化，云端虚拟化的防火墙和 WAF 可以在云环境中实现无缝迁移、弹性调配资源等功能，达到为云中租户提供快速、有效的边界安全防护的目的。

1.3 安全域和边界防御思想

1.3.1 安全域

随着网络系统规模逐渐扩大，结构越来越复杂，组网方式随意性增强，缺乏统一规划，扩展性差；网络区域之间边界不清晰，互连互通没有统一控制规范；业务系统各自为政，与外网之间存在多个出口，无法统一管理；安全防护策略不统一，安全防护手段部署原则不明确；对访问关键业务的不可信终端接入网络的情况缺乏有效控制。针对上述问题，提出安全域这一概念。安全域是一种思路、方法，它通过把一个复杂巨系统的安全保护问题分解为更小的、结构化的、区域的安全保护问题,按照"统一防护、重点把守、纵深防御"的原则,实现对系统的分域、分级的安全保护。

　　网络安全域是指同一系统内根据信息的性质、使用主体、安全目标和策略等要素的不同来划分的不同逻辑子网或网络,每一个安全域内部有相同的安全保护需求,互相信任,具有相同的安全访问控制和边界控制策略,并且相同的网络安全域共享一样的安全策略。安全域划分示例如图 1-3 所示。

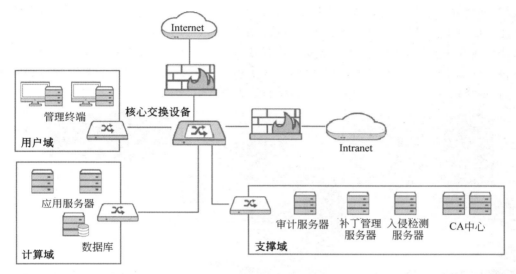

图 1-3　安全域划分示意图

　　网络安全域的划分是基于网络进行安全建设的部署依据,也是网络安全检查和评估的基础。网络安全域边界是网络安全的关键防护点,也是灾难发生时的有效抑制点。

1.3.2　边界防御思想

　　网络安全域间的连接通过网络来实现,这样便产生了网络边界。要保护本安全域的安全,抵御网络外界的入侵,就要在网络边界建立可靠的安全防御措施。边界安全的目标是确保数据的机密性、完整性和可用性,因此,任何可能影响到数据的机密性、完整性和可用性的行为均视为威胁,网络边界的威胁主要体现为越权访问、扫描攻击、DoS/DDoS 攻击、计算机病毒等形式。

　　网络边界防御最早使用隔离控制的思想,网络隔离最初形式为网段的隔离,因为不同网段间是通过路由器连通的,为了限制某些网段间不互通或有条件地互通,出现了访问控制技术,也就是防火墙。防火墙作为重要的边界防护设备,通常被放置在网络边界来抵御各种网络攻击,希望通过防火墙将攻击拦截在外网。但随着网络的不断扩大和发展,网络的防线越来越长,网络威胁更复杂、更精细、更狡诈:当今的网络威胁几乎全部来自应用层,与传统基于第三、四层的攻击相比更加变幻莫测;网络攻击常被拆分为多个环节,隐蔽性更强;此外,当今的安全事件大部分来自多个层面,利用多种形式的复合攻击。

　　在新的威胁环境下,防御的思路和手段需要改变,以隔离控制为中心的传统防火墙已经无法应对各种新型安全威胁了,还需要防火墙在守住大门的情况下再实现检测响应。防火墙需要提升快速检测和响应能力。另外,防火墙的单设备防护力量有限,需要和设备协同联动。

对此,奇安信新一代智慧防火墙提出:采用基于网络的检测与响应(Network Detection Response,NDR)体系在网络边界上进行检测与响应。NDR 可以在攻击发生时尽早地发现、检测以及进行对应处理,因为在攻击发生的一开始,并不一定会造成非常严重的破坏,网络安全运维人员就能及时地阻断攻击并进行有效的管控。所以下一代防火墙在功能上已经不仅仅是包过滤,还要求检测用户通过网络访问到底干了什么,在网络上进行威胁检测和快速响应处置。奇安信新一代智慧防火墙结合大数据挖掘技术及在数据安全分析中的积累,通过云管端的协同联动,形成了由大数据驱动、基于网络的检测与响应体系,在网络边界实现针对高级威胁的闭环防御,如图 1-4 所示。

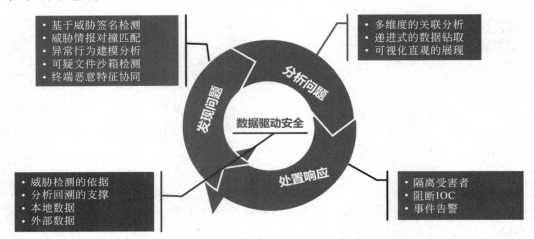

图 1-4 基于 NDR 安全体系的高级威胁闭环防御

NDR 通过对网络流量产生的数据进行多手段检测和关联分析,主动感知传统防护手段无法发现的高级威胁,进而执行高效的分析和回溯,并智能地输出预警信息和处置建议,实现对高级威胁的闭环式管理。

奇安信新一代智慧防火墙系统作为 NDR 安全体系中的重要环节,利用对用户自身网络的数据识别和行为识别能力,并利用云端基于特征的已知威胁、基于沙箱的未知威胁检测、基于威胁情报的失陷主机发现和基于安全模型的未知威胁发现能力,结合防火墙安全管理分析中心(Security Management Analysis Center,SMAC)的多维度关联分析和递进式数据钻取能力,可以直观展现未知威胁行为的跟踪、定位、处置,完成对高级威胁的一键式处置、策略优化以及安全事件的溯源取证。

1.3.3 防火墙部署方式

部署防火墙时,首先要规划安全域,明确不同等级安全域相互访问的安全策略,然后确定防火墙的部署位置以及防火墙接口的工作模式。防火墙上通常预定义了 3 类安全域:受信区域(trust)、非军事化区域(Demilitarized Zone,DMZ)和非受信区域(untrust),

用户可以根据需要自行添加新的安全域,如图 1-5 所示。

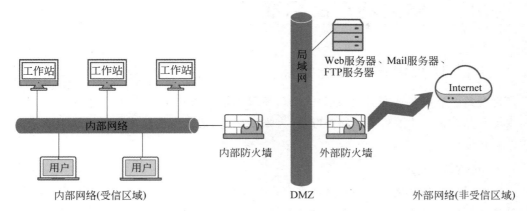

图 1-5　防火墙预定义的 3 类安全域

受信区域通常用于定义企事业用户内部网络所在区域。

非受信区域通常是指外部网络的 Internet 区域。

DMZ 也称为隔离区,是为了解决安装防火墙后外部网络不能访问内部网络服务器的问题而设立的一个非安全系统与安全系统之间的缓冲区,这个缓冲区是不同于外网或内网的特殊网络区域,通常放置一些不含机密信息的公用服务器,比如 Web 服务器、Mail 服务器、FTP 服务器等。这样来自外网的访问者可以访问 DMZ 中的服务,但不可能接触到存放在内网中的公司机密或私人信息等。即使 DMZ 中的服务器受到破坏,也不会对内网中的机密信息造成影响。

当规划一个拥有 DMZ 的区域时候,可根据策略确定各个网络之间的访问关系,目前 DMZ 的访问控制策略如表 1-1 所示。

表 1-1　DMZ 的访问控制策略

访问控制策略	策略说明
内网可以访问外网	内网的用户显然需要自由地访问外网。在这一策略中,防火墙需要进行源地址转换
内网可以访问 DMZ	此策略是为了方便内网用户使用和管理 DMZ 中的服务器
外网不能访问内网	内网中存放的是公司内部数据,这些数据不允许外网的用户进行访问
外网可以访问 DMZ	DMZ 中的服务器本身就是要给外界提供服务的,所以外网必须可以访问 DMZ。同时,外网访问 DMZ 需要由防火墙完成对外地址到服务器实际地址的转换
DMZ 不能访问内网	如果违背此策略,则当入侵者攻陷 DMZ 时,就可以进一步进攻内网的重要数据
DMZ 不能访问外网	此策略也有例外,比如 DMZ 中放置邮件服务器时就需要访问外网,否则将不能正常工作

1.4 防火墙产品标准

1.4.1 防火墙产品性能指标

性能是产品设备选型必须考虑的因素,不同的防火墙产品有不同的性能。判断一个防火墙产品的性能主要依靠网络吞吐量、并发连接数、新建连接速率和应用层性能指标 4个性能指标。

1. 网络吞吐量

网络吞吐量是衡量一款防火墙或者路由交换设备最重要的指标,它是指网络设备每秒处理数据包的最大能力。吞吐量意味着这台设备每秒能处理的最大流量或者每秒能处理的数据包个数。网络吞吐量越高,能提供给用户使用的带宽越大,就像木桶原理所描述的,网络的最大吞吐量取决于网络中的最小吞吐量设备。足够的网络吞吐量可以保证防火墙不会成为网络的瓶颈。

网络吞吐量的计量有两种方式:一种是带宽计量,单位是 Mb/s(Megabits per second)或者 Gb/s(Gigabits per second);另一种是数据包处理量计量,单位是 pps(packets per second)。这两种计量方式可以相互换算。在对一款设备进行吞吐性能测试时,通常会记录一组 64～1518B 的测试数据,每一个测试结果均有对应的 pps 数。

对于中小型企业,选择网络吞吐量为千兆级的防火墙即可满足需要;而对于电信、金融、保险等大企业部门,就需要采用网络吞吐量为万兆级的防火墙产品。网络吞吐量测试主要应用于评判设备性能高低。

2. 并发连接数

并发连接数是衡量防火墙性能的一个重要指标。因为防火墙是唯一出口,所有用户都要通过防火墙上网,用户需要打开很多窗口或 Web 页面(即会话),防火墙能处理的最大会话数量就是并发连接数。

最大并发连接数是指防火墙或代理服务器对其业务信息流的处理能力,是防火墙能够同时处理的点对点连接的最大数目,它能反映防火墙设备对多个连接的访问控制能力和连接状态跟踪能力,这个参数的大小直接影响防火墙能支持的最大信息点数。

像路由器的路由表存放路由信息一样,状态检测防火墙也有一个并发连接表,用于存放并发连接信息,它可在防火墙系统启动后动态分配进程的内存空间,其大小也就是防火墙所能支持的最大并发连接数。大的并发连接表可以增大防火墙最大并发连接数,允许防火墙支持更多的客户终端;但是,过大的并发连接表也会带来一定的负面影响,会增加对系统内存资源的消耗。并发连接数的设定要考虑 CPU 的处理能力。

3. 新建连接速率

新建连接速率指防火墙每秒能够处理的新建连接请求的数量。用户每打开一个网页,访问一个服务器,在防火墙看来是一个甚至多个新建连接。新建连接速率高的设备可以让更多人同时上网,提升用户的网络体验。

新建连接速率通常采用 HTTP 进行测试,测试结果以连接每秒(connections per second)作为单位。测试仪通过持续地模拟大量用户访问服务器以测试防火墙的最大新建连接速率。新建连接速率与并发连接数不同,前者衡量设备的连接速率,而后者衡量设备的连接个数。新建连接速率测试会立刻拆除建立的连接;而并发连接数测试则不会拆除连接,所有已经建立的连接会一直保持,直到达到设备的极限。

4. 应用层性能指标

近十年来,传统的网络层安全产品在向应用层安全设备演进,例如传统防火墙由于缺乏应用识别与控制能力,正在被面向应用层的下一代防火墙取代。但是目前通用的性能指标和评估方法都是基于网络层的,不适合应用层的特点。由于缺乏相应标准,业内仍普遍以网络层性能参数来衡量应用层性能,这既不利于用户选型使用,也不利于产品规划发展。

应用层网络设备和传统网络设备相比,几乎所有的特性都聚焦于应用层协议。其不再简单地关注数据报文的转发,而是关注和应用协议相关的内容,如协议识别、应用特征识别、应用威胁识别等,并基于此开发功能特性。应用层网络设备最基本的要求就是必须把数据包解封到第七层,即应用层。而网络层设备以数据包转发为主要目的,只关心数据包转发能力,只需要解封到第三层,找到对应的 IP 地址和端口信息即可。

数据包封装和解封层次越多,CPU 的计算负载就越高,这会直接体现为性能的衰减。同样处理能力的 CPU,处理网络层数据转发和应用层识别所呈现的性能参数是完全不同的,不能放在一起横向比较,不能使用传统网络层性能指标来评价应用层设备的性能。

NSS Labs 是全球知名的独立安全研究和评测机构,其测试标准由于具有更严谨的定义而被广泛认可。针对应用层设备,NSS Labs 提出了相应的评估指标与测试方法,建议采用 4 个指标评估应用层设备性能参数,分别是网络层吞吐量(裸包处理能力)、网络层新建速率(最大 TCP 新建连接速率)、应用层吞吐量(HTTP 性能)、应用层新建速率(最大 HTTP 新建连接速率)。

其中,应用层吞吐量是通过给应用引擎施加最大的压力来获得其最大工作能力。测试时需提供尽量接近真实世界的流量模型,以保证测试的准确性和可重复性。对于下一代防火墙来说,IPS 是标配功能模块,在大多数场景下需要开启。由于开启 IPS 会对整体性能有较大影响,因此有必要考察开启 IPS 功能后设备的性能表现。

对于应用层设备,引入网络层吞吐量和网络层新建速率主要是衡量基础的数据转发能力,以确保工作引擎在攻击流量下仍然有足够的应用层处理能力;引入应用层吞吐量和应用层新建速率是为了衡量应用引擎能力的高低,代表应用层处理技术的有效性和先进性水平。高应用层性能可以保障单位计算资源处理更多的应用层数据包,更好地满足应用识别与控制需求。

1.4.2　防火墙产品标准演进历史

随着早期防火墙产品的发展,我国制定了早期版本的防火墙产品安全技术要求,主要由 3 个标准组成,分别为：GB/T 17900—1999《网络代理服务器的安全技术要求》、GB/T 18019—1999《信息技术 包过滤防火墙安全技术要求》(已作废)和 GB/T 18020—1999《信息技术 应用级防火墙安全技术要求》(已作废)。

GB/T 18019—1999 针对的是包过滤防火墙,GB/T 18020—1999 和 GB/T 17900—1999 针对的是应用代理防火墙。例如,在 GB/T 18020—1999 的"4 应用级防火墙概述"中规定:"应用级防火墙通常与包过滤控制配合使用,以承担对应用级协议包的进一步控制。应用级防火墙可以雇用代理服务器筛选数据包。"GB/T 18020—1999 更侧重于同包过滤防火墙功能的融合,代理协议中的内容可以附加代理服务模块或者使用代理服务器来辅助。GR/T 17900—1999 专注于代理服务的内容。

下面对我国的主要防火墙安全技术标准作简要介绍。

1. GB/T 18019—1999 标准

GB/T 18019—1999 规定了采用传输控制协议/网间协议的包过滤防火墙产品或系统,是包过滤防火墙最低的安全要求。该标准定义的包过滤防火墙根据站点的安全策略,在内部网络和外部网络之间选择性地过滤包。其过滤规则主要根据五元组(源地址、目的地址、协议、源端口、目的端口)以及包到达或发出的接口而定。该标准的安全功能要求由 5 部分 26 个组件组成,安全保证要求由 6 部分 13 个组件组成。

2. GB/T 18020—1999 标准

GB/T 18020—1999 定义的应用级防火墙的作用是:仲裁不同网络上客户和服务器之间的通信业务流。应用级防火墙通常与包过滤控制配合使用,以承担对应用级协议包的进一步控制。应用级防火墙可以雇用代理服务器筛选数据包。

该标准的安全功能要求和安全保证要求的结构和数量同 GB/T 18020—1999 的包过滤防火墙一样,由 6 部分 13 个组件组成,但与 GB/T 18020—1999 的包过滤防火墙不同,应用级防火墙提出了基于应用的防火墙鉴别用户和端到端的概念,并要求能够提供对应用服务命令进行访问控制的要求,因此,这两种标准的内容有明显区别。

3. GB/T 17900—1999 标准

GB/T 17900—1999 定义的网络代理服务器以各种代理服务为基础,通过它提供集中的应用服务。它可以为不同协议进行代理。为内部、外部两个网络之间建立安全可靠的应用服务,网络代理服务器必须具备安全控制手段,只有合法、有效的客户要求才由代理服务器提交给真正的服务器。该标准规定的网络代理服务器不局限于提供代理服务,它必须还具有访问控制、应用层内容过滤、数据截获处理、安全审计等功能,可保证本地网络资源的安全和对外部网络访问的控制。该标准在信息流控制及相应的审计内容方面提出了特殊的要求。

4. GB/T 20281—2006 标准

GB/T 20281—2006 吸收了 GB/T 17900—1999、GB/T 18019—1999 和 GB/T 18020—1999 所有重要的内容。由于在《信息安全等级保护管理办法》规定的 5 级中,三级以上为重要信息系统,四、五级信息系统的应用环境非常特殊,考虑到三级信息系统以上信息安全产品可以进行安全性功能互补,GB/T 20281—2006 只分了 3 个级别,第一、二级适用于《信息安全等级保护管理办法》中的一、二级信息系统,第三级对应《信息安全等级保护管理办法》中的三、四、五级信息系统的需求。该标准在安全功能要求方面进行了细化,为信息系统的建设提供防火墙能够实现的功能;安全保证要求则为信息系统等级保护安全建设提供了明确的等级对应要求,以保障防火墙开发、交付等方面的安全。

5. 现行有效的防火墙标准

由于早期标准还未引入等级保护的要求,没有提出与我国信息系统等级保护安全建设相配套的概念。因此,在 2005、2006 年,对防火墙标准进行了重新编制,针对包过滤和应用级防火墙技术(其中代理服务器要求合并到应用级防火墙技术中进行描述),先后形成了 GB/T 20010—2005《信息安全技术　包过滤防火墙评估准则》和 GB/T 20281—2006《信息安全技术 防火墙安全技术要求和测试评价方法》。2015 年,GB/T 20281—2006 被重新修订为 GB/T 20281—2015《信息安全技术 防火墙安全技术要求和测试评价方法》,同时 GB/T 20281—2006 标准被废止。

GB/T 20010—2005 针对的是专门为纯包过滤或以包过滤技术为主的防火墙产品。而 GB/T 20281—2015 针对的是通用防火墙技术的防火墙产品,其内容包括包过滤、应用控制等。这两个标准现在都有效,但是由于 GB/T 20281—2015 的内容要求更符合我国防火墙的现状。因此,在实际中 GB/T 20281—2015 的使用频率较高。

GB/T 20010—2005 是以 GB/T 18019—1999 为基础,按照 GB/T 17859—1999 的 5 个安全保护等级,对采用传输控制协议/网间协议的包过滤防火墙产品的安全保护等级划分所需的评估内容进行要求。该标准按照信息系统等级保护建设的要求对包过滤防火墙标准内容进行了细化,分为 5 级,随着安全保护等级的增高,安全功能逐渐增强。

GB/T 20281—2015 与 GB/T 20281—2006 的主要差异在于:GB/T 20281—2015 标准修改了防火墙的描述和防火墙的功能分类,增加了防火墙的高性能要求,加强了防火墙对应用层控制能力的要求,增加了下一代互联网协议支持能力的要求,并将安全级别统一划分为基本级和增强级。

1.4.3　GB/T 20281—2015 简介

由于 GB/T 20281—2015 标准更符合等级保护信息化建设现状,且内容上基本能够覆盖 GB/T 20010—2005,因此现在多数厂家使用 GB/T 20281—2015 标准进行产品测试。

GB/T 20281—2015 标准将防火墙安全技术要求分为安全功能、安全保证、环境适应性和性能要求 4 个大类。安全功能要求分为基本级安全功能和增强级安全功能,是对防火墙产品应具备的安全功能提出的具体要求,包括网络层控制、应用层协议控制和安全运维管理 3 个方面。安全保证要求是针对防火墙的开发和文档的内容提出的具体要求,例如配置管理、交付和运行、开发和指导性文档等。环境适应性要求是对防火墙的部署模式和应用环境提出的具体要求,包括对防火墙运行在透明模式、路由模式和下一代互联网支持环境下提出的具体要求。性能要求对防火墙产品应达到的性能指标做出规定,包括吞吐量、延迟、最大并发连接数和最大连接速率等。

该标准按照防火墙安全功能的强度划分安全功能要求的等级,安全等级分为基本级和增强级。安全功能强弱和安全保证要求高低是等级划分的具体依据。安全等级突出安全特性,环境适应性要求和性能要求不作为等级划分依据。

1.5 下一代防火墙产品架构

与传统的防火墙相比,下一代防火墙不仅需要同时运行多种安全功能,还要适用于大型企业环境,对性能要求极高,因此下一代防火墙要具备一个高性能的处理架构。

图 1-6 呈现了下一代防火墙所采用的单路径解析处理架构和传统 UTM 所采用的多引擎串行处理架构的示意图。两者的区别显而易见,在单路径解析处理架构中,数据包经过一次解码,一次性匹配用户 ID、应用 ID、内容 ID,最终将匹配结果同步至安全策略引擎,决定放行或阻断,这是深度集成各安全功能的体现。而在多引擎串行处理架构中,每一个功能是一个独立的引擎,引擎之间并没有协同的机制,所以多引擎串行处理是把数据包串行地通过各个引擎进行扫描,这种检测效率极低,这也是 UTM 设备开启越多安全功能,性能衰减越严重的原因。

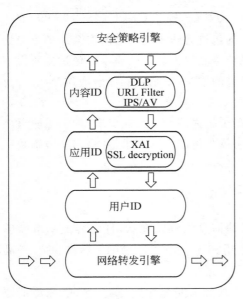

(a) 单路径解析处理架构　　　　　　　(b) 多引擎串行处理架构

图 1-6　单路径解析处理架构与多引擎串行处理架构

思　考　题

（1）简述防火墙产生的原因。

（2）概述防火墙的定义。

（3）防火墙在网络中两个最基础的作用是什么？

（4）在防火墙的发展历史中，可以将防火墙分为七代，简述这七代防火墙指的都是哪些防火墙。

（5）什么是安全域？

（6）防火墙产品的主要性能指标包含哪些？

（7）下一代防火墙产品架构的特点是什么？

第 2 章 防火墙技术

基于第 1 章的防火墙基本知识,本章将详细介绍防火墙基本技术的原理和优缺点,包括包过滤技术、应用代理技术、会话机制与状态检测技术、应用识别技术和内容检查技术等,为后续防火墙的实际应用奠定理论基础。

2.1 包过滤技术

2.1.1 包过滤技术原理

包过滤防火墙又称网络级防火墙,是防火墙最基本的形式。防火墙的包过滤模块工作在网络层,它在链路层向 IP 层返回 IP 报文时,在 IP 协议栈之前截获 IP 包。它通过检查每个报文的源地址、目的地址、传输协议、端口号、ICMP 的消息类型等信息与预先配置的安全策略(过滤逻辑规则)的匹配情况来决定是否允许该报文通过,还可以根据 TCP 序列号、TCP 连接的握手序列(如 SYN、ACK)的逻辑分析等进行判断,可以较为有效地抵御类似 IP Spoofing、SYN Flood、Source Routing 等类型的攻击。

防火墙的过滤逻辑规则是由访问控制列表(ACL)定义的,如表 2-1 所示。包过滤防火墙检查每一条规则,直至发现包中的信息与某规则相符时才放行;如果规则都不符合,则使用默认规则,一般情况下防火墙会直接丢弃该包。包过滤既可作用在入方向也可作用在出方向。

表 2-1　访问控制列表示例

源 地 址	目 的 地 址	传输协议	源端口	目的端口	标志位	操作
内部网络地址	外部网络地址	TCP	任意	80	任意	允许
外部网络地址	内部网络地址	TCP	80	>1023	ACK	允许
所有	所有	所有	所有	所有	所有	拒绝

理论上,包过滤防火墙可以被配置为根据协议包头的任何数据域进行分析过滤,但多数防火墙只有针对性地分析数据包信息头的一部分域。

2.1.2 包过滤技术的优缺点

使用包过滤防火墙的优点如下:

（1）包过滤防火墙对每个传入和传出网络的包实行较低的访问控制。

（2）包过滤防火墙检查每个 IP 包的字段，包括源地址、目的地址、传输协议、端口号等，防火墙将基于这些信息应用过滤规则。

（3）包过滤防火墙可以识别和丢弃带欺骗性源 IP 地址的包。

（4）包过滤防火墙对用户和应用透明，用户无须改变习惯，技术实现简单，运行速度快。

但包过滤技术存在的问题也很多，主要表现在以下几方面：

（1）所有可能会用到的端口都必须静态放开。若允许建立 HTTP 连接，就需要开放 1024 以上所有端口，这增加了被攻击的可能性。

（2）包过滤防火墙不能对数据传输状态进行判断。例如接收到一个 ACK 数据包，包过滤防火墙就认为这是一个已建立的连接，这会导致许多安全隐患，一些恶意扫描和拒绝服务攻击就是利用了这个缺陷。

（3）包过滤防火墙无法审核数据包上层的内容。即使通过防火墙的数据包有攻击性或包含病毒代码，也无法进行控制和阻断。

造成这些问题的根本原因在于：包过滤防火墙只对当前正在通过的单一数据包进行检测，而没有考虑前后数据包间的联系；同时包过滤防火墙只检查包头信息，而没有深入检测数据包的有效载荷。

2.2　应用代理技术

代理（proxy）技术与包过滤技术完全不同。代理防火墙通过代理技术参与到一个 TCP 连接的全过程。从内部发出的数据包经过这样的防火墙处理后，就好像是源于防火墙的外部网卡一样，从而可以实现隐藏内部网络结构的作用。

代理服务运行在防火墙主机上。防火墙主机可以是有一个内部网络接口和一个外部网络接口的双重宿主主机，也可以是一些可以访问因特网并可被内部主机访问的堡垒主机。这些程序接受用户对因特网服务的请求（如 FTP 和 Telnet 等），并按照安全策略将它们转发给实际的服务。

虽然代理服务器工作在外部网络和内部网络之间，但它努力追求一种可以实现透明访问的目标。代理服务器与内部网络和外部网络之间的关系如图 2-1 所示。

无论是传统的还是现代的数据包过滤设备都主要用于过滤数据包，查看 TCP 和 IP 层提供的信息。代理防火墙不再围绕数据包，而注重于应用级别，分析经过它们的应用信息，决定是传送或是丢弃。

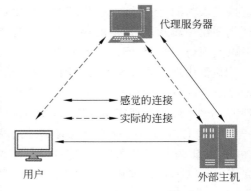

图 2-1　代理服务器工作过程

2.2.1　应用代理技术原理

应用代理(application proxy)也称为应用网关(application gateway),指在 Web 服务器上或某一台单独主机上运行的代理服务器软件,对网络上的信息进行监听和检测,并对访问内网的数据进行过滤,从而起到隔断内网与外网的直接通信的作用,保护内网不受破坏。它工作在网络体系结构的最高层——应用层,其技术原理如图 2-2 所示。

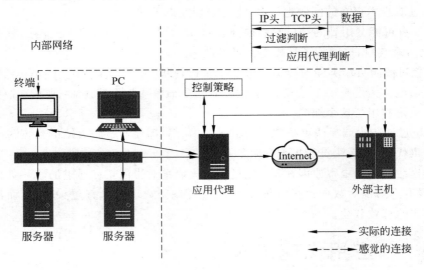

图 2-2　应用代理技术原理

应用代理使网络管理员能够实现比包过滤更加严格的安全策略。应用代理不依靠包过滤工具来管理进出防火墙的数据流,而是通过对每一种应用服务编制专门的代理程序,实现监视和控制应用层信息流的作用。在代理方式下,内部网络的数据包不能直接进入外部网络,内网用户对外网的访问变成代理对外网的访问。同样,外部网络的数据也不能直接进入内网,而是要经过代理的处理之后才能到达内部网络。所有通信都必须经应用层代理软件转发,应用层的协议会话过程必须符合代理的安全策略要求,因此在代理上就可以实现访问控制、网络地址转换等功能。

基于代理的防火墙不会遇到传统数据包过滤防火墙 ACK 攻击扫描问题,因为 ACK是有意义的应用请求的一部分,它将会被代理丢弃。并且由于其主要针对应用级,基于代理的防火墙可以梳理应用级协议,以确保所有的数据交换都严格遵守协议消息级。例如,一个 Web 代理可以确保所有消息都是正确格式的 HTTP,而不是仅仅确保它们是前往目标 TCP 的 80 端口。而且,代理可以允许或拒绝应用级功能。因此,对于 FTP,代理可以允许 FTP GET,从而使用户可以将文件带入网络;同时拒绝 FTP PUT,禁止用户使用FTP 发送文件。

此外,利用代理可以优化性能。代理可以对经常访问的信息进行缓存,从而对于同一数据,无须向服务器发出新的请求。

2.2.2 应用代理技术的优缺点

采用应用代理技术的防火墙有以下优点：

(1) 应用层网关有能力支持可靠的用户认证并提供详细的注册信息。因为它在应用级操作,并可以显示用户 ID 和口令提示或其他验证请求。

(2) 用于应用层的过滤规则相对于包过滤防火墙来说更容易配置和测试。

(3) 代理工作在客户机和真实服务器之间,完全控制会话,所以可以提供很详细的日志和安全审计功能。

(4) 提供代理服务的防火墙可以被配置成唯一可被外部看见的主机,这样可以隐藏内部网的 IP 地址,保护内部主机免受外部主机的进攻。

(5) 通过代理访问因特网可以解决合法 IP 地址不够用的问题,因为因特网所见只是代理服务器的地址,内部的 IP 则通过代理可以访问因特网。

但是,应用代理也有明显的缺点：

(1) 当用户对内部网络网关的吞吐量要求比较高时,代理防火墙就会成为内外网络之间的瓶颈。

(2) 应用代理服务器的兼容性往往有问题。代理服务器一般具有解释应用层命令的功能,因此,可能需要提供很多不同的代理服务器,而且每一种应用升级时,一般代理服务程序也要升级,所以能提供的服务和可伸缩性是有限的。但如果没有明确提供应用层代理服务,就不能通过防火墙,这从安全角度看也是一种优点,并且也符合"未被明确允许的就将被禁止"的原则。

2.3 会话机制和状态检测

2.3.1 防火墙会话机制

会话(session)是通信双方的连接在防火墙上的具体体现,代表两者的连接状态,一个会话就表示通信双方的一个连接。防火墙上多个会话的集合称为会话表(session table)或动态连接状态表。会话表中的记录可以是以前的通信信息,也可以是相关应用程序的信息,因此,与传统包过滤防火墙的静态访问控制列表相比,它具有更好的灵活性和安全性。当新的连接通过验证时,则在状态表中添加该连接条目;而当一条连接完成它的通信任务后,状态表中的该条目将自动删除。

2.3.2 状态检测技术原理

传统的包过滤防火墙只是通过检测 IP 包头的相关信息来决定是否转发数据包,而状态检测技术采用的是一种基于连接的状态检测机制,将属于同一连接的所有包作为一个整体的数据流看待,构成连接状态表,通过访问控制列表与连接状态表的共同配合,对表中的各个连接状态因素加以识别。访问控制列表为静态的;而连接状态表中保留着当前活动的合法连接,其内容是动态变化的,随着数据包来回经过设备而实时更新。

数据包通过状态检测防火墙的过程如图 2-3 所示。

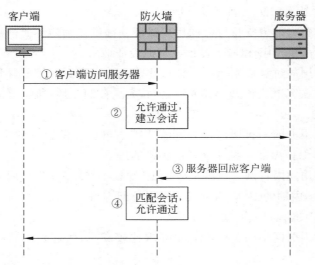

图 2-3　数据包通过状态检测防火墙的过程

在防火墙的访问控制列表中,允许访问的数据包通过。当报文到达防火墙后,防火墙允许报文通过,同时还会针对这个访问行为建立会话,会话中包含报文信息,如地址和端口号等。内网回应的报文到达防火墙后,防火墙会把报文中的信息与会话中的信息进行比对,发现报文中的信息与会话中的信息相匹配,并且符合协议规范对后续包的定义,则认为这个报文属于外网访问内网行为的后续回应报文,直接允许这个报文通过。

状态检测防火墙使用基于连接状态的检测机制,将通信双方之间交互的属于同一连接的所有报文都作为整体的数据流来对待。在状态检测防火墙看来,同一个数据流内的报文不再是孤立的个体,而是存在联系的。为数据流的第一个报文建立会话,数据流内的后续报文直接根据会话进行转发,提高了转发效率。状态检测包过滤和应用代理这两种技术目前仍然是防火墙市场中普遍采用的主流技术,但两种技术正在形成一种融合的趋势,演变的结果也许会导致一种新的结构名称的出现。

2.3.3　状态检测技术的优缺点

状态检测防火墙工作在数据链路层和网络层之间,截取并处理分析数据包,进行相应的操作,如允许数据包通过、拒绝数据包、认证连接、加密数据等。状态检测防火墙检测应用层的所有数据包,安全性得到很大提高。并且其工作在协议栈的较低层,通过防火墙的所有的数据包都在低层处理,而不需要协议栈的高层处理任何数据包,这样减少了高层协议头的开销,执行效率提高很多。另外,在这种防火墙中一旦一个连接建立起来,就不用再对这个连接做更多工作,系统可以处理别的连接,执行效率明显提高。

状态检测防火墙不区分每个具体的应用,动态产生新的应用的新的规则,不用另外写代码,所以具有很好的伸缩性和扩展性。

状态检测防火墙实现了基于 UDP 应用的安全。防火墙保存通过网关的每一个连接的状态信息,允许穿过防火墙的 UDP 请求包被记录。如果在指定的一段时间内响应数据包没有到达,连接超时,则该连接被阻塞,这样所有的攻击都被阻塞,避免大量的无效连接占用过多的网络资源,可以很好地降低 DoS 和 DDoS 攻击的风险。

但是,状态检测防火墙在应用中依然存在着以下问题:

(1) 状态检测防火墙无法识别数据包中的垃圾邮件、恶意代码等。对于包过滤防火墙而言,数据包来自远端主机。由于防火墙不是数据包的最终接收者,不能对数据包网络层和传输层信息头等控制信息进行分析,所以难以了解数据包是由哪个应用程序发起的。状态检测防火墙虽然继承了包过滤防火墙和应用网关防火墙的优点,克服了它们的缺点,但它仍只检测数据包的第三层信息,无法彻底识别数据包中大量的垃圾邮件、广告以及木马程序等。

(2) 状态检测防火墙难以详细了解主机间的会话关系。状态检测防火墙处于网络边界并对流经防火墙的数据包进行网络会话分析,生成会话连接状态表。由于状态检测防火墙并非会话连接的发起者,所以对网络会话连接的上下文关系难以详细了解,容易受到欺骗。

2.4　应用识别技术

传统防火墙的访问控制或者流量管理粒度较粗,只能基于 IP/端口号对数据流量进行全面的禁止或允许。下一代防火墙可以对数据流量和访问来源进行精细化的识别和分类,使得用户可以很容易地从同一个端口协议的数据流量中辨识出所有应用,或者从无序的 IP 地址中辨识出有意义的用户身份信息,从而对识别出的应用和用户施加细粒度、有区别的访问控制策略、流量管理策略和安全扫描策略,保障了用户最直接、准确、精细的管理和控制需求。例如,允许 HTTP 网页访问顺利进行,并且保证高访问带宽,但是不允许同样基于 HTTP 的视频流量通过;允许邮件传输,但需要进行防病毒检测,如果发现有病毒入侵或泄密事件则马上阻断;允许通过网盘下载文本文件,但是不允许通过网盘下载视频文件并且需要进行防病毒检测;等等。应用识别技术如图 2-4 所示。

下一代防火墙要具备极强的应用识别能力及用户身份鉴别能力,以及将应用识别及身份鉴别与安全策略整合的能力,对应用进行更细粒度的访问控制。应用识别带来的额外好处是可以合理优化带宽的使用情况,保证关键业务的畅通。

下一代防火墙技术对网络应用的识别和控制的主要特点如下:

(1) 以网络应用识别作为基础,对所有层的网络数据进行监控。所有经过下一代防火墙的网络数据包都要经过检查,下一代防火墙可以识别所有已知的网络应用,对每个网络应用进行监控。

(2) 网络应用识别是第一任务。在下一代防火墙中,系统默认禁止所有不能识别的网络数据包通过。网络管理员需要对下一代防火墙进行配置,允许识别的网络应用数据包通过防火墙,从而可以保证内部网络的安全可靠。因此,在下一代防火墙中,网络应用

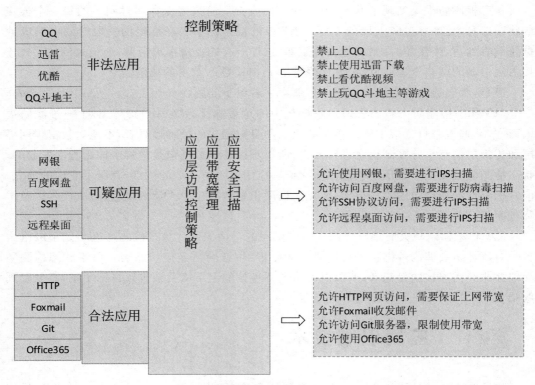

图 2-4　应用识别技术

识别是第一任务,首先需要准确识别应用,才能保证配置规则的正确执行,实现网络应用控制的目的。

(3) 下一代防火墙可以识别所有端口。在下一代防火墙中,网络应用识别可以监控所有的网络端口,但网络应用识别不依赖于特定的端口。网络应用使用任意端口作为通信的通道,下一代防火墙都能准确识别这个网络应用,网络应用无法通过端口跳变技术逃过防火墙的识别。

(4) 下一代防火墙能够识别不同操作系统下的所有网络应用版本。下一代防火墙根据网络应用协议的特征进行识别,无论用户使用任何操作系统,只要应用的协议不发生变化,下一代防火墙都能够准确识别出来,网络应用协议的特征就是它的指纹信息,在任何操作系统下都是一样的。

下一代防火墙的核心就是对网络应用进行精确识别,从而达到对网络应用控制的目的。

任何一个网络应用都可以通过分析网络数据包从网络流量中识别出来,这是实现网络应用识别控制系统的基础,网络应用识别技术也是下一代防火墙的基础。当前阶段比较有效的网络应用识别技术主要有以下几类:基于端口的识别技术、DPI 技术、DFI 技术和机器学习技术等。

在网络应用识别系统刚被提出的时候,绝大部分的应用识别是按照应用端口号进行的。后来,网络应用越来越多,协议越来越丰富,功能越来越复杂,越来越多的网络应用不再使用固定的端口号,利用网络应用使用的固定端口号对网络应用进行识别越来越困难,基于端口号的识别技术对有些网络应用已经不再适用。因此,在下一代防火墙中,应用识别主要使用 DPI 技术和 DFI 技术。

2.4.1 DPI 技术

深度包检测技术(Deep Packet Inspection,DPI)是一种简单、高效的应用识别检测技术,它是一种基于网络应用特征对网络应用进行识别的技术,是目前比较重要的网络应用识别技术。不同的网络应用通常采用不同的网络通信协议,不同的网络通信协议都有其各自的通信特征,这些特征可能是采用特定的通信端口、传输的内容包含特定的字符等。

DPI 提供业务层的报文深入分析,是业务层安全和控制的重要手段。DPI 以业务流的连接为对象,深入分析业务的高层协议内容,结合数据包的深度特征值检测和协议行为的分析,以达到应用层网络协议识别为目的。

所谓"深度"是和普通的报文分析层次相比较而言的。普通报文检测仅分析 IP 包 1~4 层的内容,包括源地址、目的地址、源端口、目的端口以及协议类型;而深度包检测除了对前面的层次分析外,还增加了应用层分析,强化了传统的数据包检测技术 SPI 的深度和精确度,能够识别各种应用及其内容,是对传统数据包检测技术的延伸和加强,如图 2-5 所示。

图 2-5 普通报文检测和 DPI 的对比

DPI 技术主要对网络数据包的特征进行检测,根据每个包的特征确定网络数据包属于哪个网络应用,如果这个网络数据包符合一定的数据包格式或者其特征属于特定的网络应用,这种检测技术可以很方便地实现对新协议的检测识别。DPI 技术不仅能检测数据包的协议、源 IP 地址、目的 IP 地址、源端口号和目的端口号信息,还能够对数据包内部进行深入的分析,判断其是否携带特定的数据内容。

DPI 识别技术可划分为以下 3 类:

第一类是特征字的识别技术。不同的应用通常会采用不同的协议,而各种协议都有其特殊的指纹,这些指纹可能是特定的端口、特定的字符串或者特定的比特序列。基于特征字的识别技术正是通过识别数据报文中的指纹信息来确定业务所承载的应用。通过对指纹信息的升级,基于特征字的识别技术可以方便地扩展到对新协议的检测,如图 2-6 所示。

第二类是应用层网关识别技术。在业务中,有一类的控制流和业务流是分离的,其业务流没有任何特征,应用层网关识别技术针对的对象就是此类业务,首先由应用层网关识别出控制流,并根据控制流协议选择特定的应用层网关对业务流进行解析,从而识别出相应的业务流,如图 2-7 所示,对于每一个协议,需要不同的应用层网关对其进行分析。

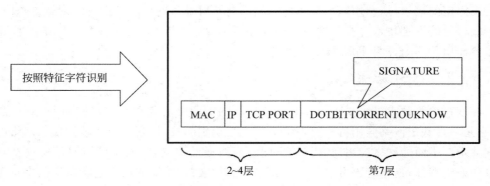

图 2-6 基于特征字的识别技术示意图

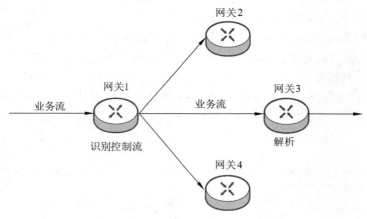

图 2-7 应用层网关识别技术示意图

第三类是行为模式识别技术。在实施行为模式识别技术之前,运营商首先必须对终端的各种行为进行研究,并在此基础上建立行为识别模型,基于行为识别模型,行为模式识别技术即可根据客户已经实施的行为,判断客户正在进行的动作或者即将实施的动作。行为模式识别技术比前两种技术更复杂,针对不同的应用,可利用的行为特征也不尽相同。要准确地识别一个应用,必须抓取海量的流量样本,分析、提取出独特的行为特征,这才是行为模式识别最困难的地方。通常,上下行流量比例、报文发送频率、报文长度变化规律等都是可利用的行为特征指标。行为模式识别技术通过综合考察和选择多种行为特征指标来实现精准的应用识别。

DPI 技术不仅对数据包的 IP 层进行检查,还能对数据包内容进行检查,每个应用协议都有自己的数据特征,充分理解各种应用协议的变化规律和流程,可以准确、快速地识别应用协议,从而达到对应用的精确识别和控制。

2.4.2 DFI 技术

深度数据流检测技术(Deep Flow Inspection,DFI)通过分析网络数据流量行为特征来识别网络应用,因为不同的应用类型在数据流上各有差异。DFI 分析某种应用数据流的行为特征并创建特征模型,对经过的数据流和特征模型进行比较,因此检测的准确性取决于特征模型的准确性。要使用 DFI 技术,首先要获得已经训练好的应用特征库,在这个特征库中可以按照协议的特点进行分类,当新进入的数据包经过这个特征库的时候,特征库可以识别出该网络数据包属于哪个网络应用类型,不同的网络应用都会在特征库中有一个对应的类别。如果特征库足够强大,可以实现对每种协议的区分,则基于 DFI 技术的网络应用识别技术可以识别所有的网络应用。

对于数据流特征不明显、应用协议多变的应用,很难通过 DFI 技术进行识别,所以需要其他技术手段对于数据加密传输、协议变化较大的网络应用进行识别。

DFI 与 DPI 这两种技术的设计基本目标都是为了实现业务识别,但是两者在实现和技术细节方面还是存在较大区别。从两种技术的对比情况看,两者各有优劣:

- DPI 技术适用于需要精细准确识别、精细管理的环境,而 DFI 技术适用于需要高效识别、粗放管理的环境。
- DFI 技术处理速度较快;而采用 DPI 技术,由于要逐包进行拆包操作,并与后台数据库进行匹配对比,处理速度会慢一些。
- 基于 DPI 技术的带宽管理系统总是滞后于新应用,需要紧跟新协议和新应用的产生而不断升级后台应用数据库,否则就不能有效识别、管理新技术下的带宽,影响模式匹配效率,因此维护成本较高;而基于 DFI 技术的系统在管理维护上的工作量要少于 DPI 系统,因为同一类型的新应用与旧应用的流量特征不会出现大的变化,所以不需要频繁升级流量行为模型,维护成本也较低。
- 在识别准确率方面,两种技术各有所长。由于 DPI 采用逐包分析、模式匹配技术,因此可以对流量中的具体应用类型和协议做到比较准确的识别;而 DFI 仅对流量行为进行分析,因此只能对应用类型进行笼统分类。如果数据包是经过加密传输的,则采用 DPI 方式的流控技术则不能识别其具体应用,而采用 DFI 方式的流控技术不受影响,因为应用流的状态行为特征不会因加密而发生根本改变。

2.5 内容检查技术

2.5.1 内容检查技术原理

内容检查是对进出防火墙的数据进行检查,在应用层判断从内部网络流向外部网络的数据中是否包含涉密信息。防火墙在网络边界实施应用层的内容扫描,实现了实时内容过滤。

内容过滤技术是指采取适当的技术措施,对不良的信息和不安全的内容进行过滤。内容过滤处理是一个复杂而又快捷的过程。内容过滤的原理如图 2-8 所示。

（1）当内容流进入防火墙时,凡是与预先定义的内容协议组（例如 HTTP、SNMP、POP3 和 IMAP 等协议）相匹配的所有内容流,将被引导到 TCP/IP 协议栈。

（2）当接收到内容流时开始进行内容扫描。内容流一开始被接收时,TCP/IP 协议栈

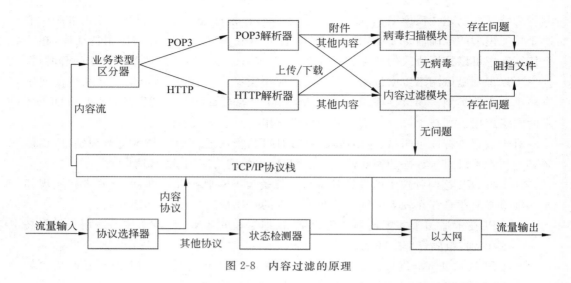

图 2-8　内容过滤的原理

先建立到客户端和服务器端的连接,然后接收数据包,把 IP 包转换为基于会话的内容流,TCP/IP 协议栈将产生的内容流送到业务类型区分器。

(3) 业务类型区分器的作用是将内容流按照它们的业务类型分开。Web 流(HTTP)、邮件流(SMTP、POP3、IMAP)和其他类型的内容流将被分开。

(4) 经过分类的内容流被输送到相关的解析器。它们能解析和理解高层协议。例如与 POP3 和 HTTP 相匹配的内容流分别进入 POP3 解析器和 HTTP 解析器。解析器分析内容流的内容,其中有可能包含了病毒、蠕虫、被禁止的内容或其他攻击性的内容等。

(5) 数据从解析器输出,分别发送到病毒扫描模块和内容过滤模块进行处理。如果数据流包含上传/下载的文件或邮件附件,就被送入病毒扫描模块;所有其他内容则被路由到内容过滤模块。若文件或附件经检测不存在病毒,则被送至内容过滤模块再次检查。

(6) 经过检查不存在问题的内容流将被引导回 TCP/IP 协议栈,并将内容流进行拼接,重组为 IP 数据包,最后发送到目的地。

当病毒扫描模块接收到一个新的内容流时,它对可能含有病毒和蠕虫的目标文件的内容流进行扫描。病毒扫描模块对所有使用 HTTP 上传/下载的文件或邮件的附件进行扫描。病毒扫描模块扫描的目标文件可能是可执行文件(ext、bat、com)、脚本文件(vbs)、压缩的文件(zip、gzip、tar、hta、rar)、屏幕保护文件(scr)、动态链接库文件(dll)或带宏的 Office 文件等。

内容过滤模块通过识别文件的类型和内容,对上传和下载的文件以及传输的内容进行过滤,防止内部重要敏感文件向外泄露,也防止网络中的不良文件传入内网。此模块对文件类型的识别不依赖于后缀名,即使后缀名被修改,也不会改变文件类型。

经过内容过滤后,所有被检测出存在问题的文件都会被阻挡,然后根据防火墙的保护设置来进一步处理。

内容过滤对 Web 报文及其他网络协议(如 FTP、SMTP、POP3 等)内容流进行深度解析,实时分析用户的行为以及传输的内容,根据组织的需要,对于无用的、有信息安全风险的行为进行控制,阻止对组织有害的网络访问行为的发生,极大地提升了网络传输内容的安全性。

2.5.2　内容检查技术的优缺点

内容过滤的优点在于简单、有效,技术已比较成熟,使用也比较广泛。

内容过滤的缺点如下:

(1) 内容过滤的实质还是关键字过滤,只是内容过滤检测的是不同类型的关键字,内容过滤的速度取决于关键字模式的查找速度。内容过滤的精度取决于特征库的更新速度,如果特征库更新速度无法保证,那么内容过滤也是无意义的。

(2) 内容过滤的规则制定比较困难,很难制定出比较满意的过滤规则。

(3) 目前大多数内容过滤技术在网络的应用层实现,适应性和安全性较差。内容过滤技术不能解决的问题是对网络速度的负面影响,因为是串行处理,如果过滤过程中出现故障,会使网络不通。

(4) 内容过滤主要是针对上层协议的内容信息处理的。内容过滤是针对明文进行的。一些经过加密的信息,如 Base64 编码、SSL、SSH 等,是不能进行内容过滤的。

(5) 内容过滤中的病毒检测过程需要消耗大量资源和时间。当内容过滤完成后,需要对会话进行还原,也会耗费大量的资源和时间。

思　考　题

(1) 简述状态检测技术的实现过程。

(2) 应用代理技术的原理是什么? 有什么优缺点?

(3) 什么是应用识别技术?

(4) DPI 技术和 DFI 技术的区别有哪些?

(5) 简述内容检查技术及其优缺点。

第 3 章

防火墙网络部署

在介绍了防火墙的基本原理和技术之后,本章主要介绍防火墙的网络部署,主要包括以下内容:防火墙的几种部署模式以及每种模式的实现过程;IP 协议及 IPv6 技术,VLAN 技术的原理及组网方式,划分 VLAN 的原因及优缺点;各种路由协议概念及原理,DHCP 服务、DNS 透明代理,代理 ARP、VPN、QoS 等知识。

3.1 安全域和接口

安全域是一个或多个接口的集合。防火墙通过安全域来划分网络,标识数据流动的"路线"。当数据在不同的安全域之间流动时,防火墙会根据安全域的安全策略决定数据包的情况。

防火墙通过接口来连接网络,将接口划分到安全域后,通过接口就把安全域和网络关联起来,如图 3-1 所示,通常说某个安全域,就可以表示该安全域中接口所连接的网络。

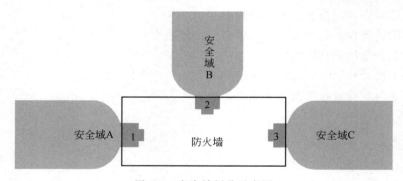

图 3-1 安全域划分示意图

防火墙可以预定义安全域,通常为受信域、DMZ 和非受信域。用户可以根据需要自行添加新的安全域。

受信域内网络的受信任程度高,通常用来定义内部用户所在的网络。

DMZ 内网络的受信任程度中等,通常用来定义公开的服务器所在的网络。

非受信域代表的是不受信任的网络,通常用来定义 Internet 等不安全的网络。

如图 3-2 所示,假设接口 1 连接的是内部用户,将这个接口划分到受信域中;接口 2 连接内部服务器,将这个接口划分到 DMZ 中;接口 3 连接 Internet,将它划分到非受信域。

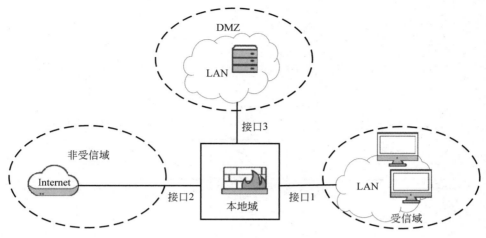

图 3-2　安全域示意图

在防火墙上,每个安全域都有一个唯一的安全级别,用数字表示,数字越大,则代表该区域内的网络越可信。

防火墙在引入安全域概念的同时也引入了域间的概念。任何不同的安全域之间形成域间关系,防火墙上大部分规则都在域间配置。为便于描述域间关系,又引入了域间方向的概念:

- 报文从低级别的安全域向高级别的安全域流动时为入方向(Inbound)。
- 报文从高级别的安全域向低级别的安全域流动时为出方向(Outbound)。

当报文在两个方向上流动时,将会触发不同的安全检查。图 3-3 标明了本地域、受信域、DMZ 和非受信域之间的域间方向。

通过安全域,防火墙划分出等级森严、关系明确的网络,成为连接各个网络的节点。以此为基础,防火墙就可以对各个网络之间流动的报文进行安全检查和实施管控策略。

3.2　IP 协议

3.2.1　IP 地址的基本概念

互联网中需要有一个全局的地址系统,它能够给每一台主机或路由器的网络连接分配一个全局唯一的地址。TCP/IP 协议中网络层使用的地址标识符叫作 IP 地址,是 IP 协议的重要组成部分,它可以识别接入互联网中的任意一台设备。IP 地址可以分为 IPv4 和 IPv6 两大类。

IP 地址采用分层结构,由网络号(Net ID)与主机号(Host ID)两部分组成。IPv4 地址长度为 32 位,为点分十进制(dotted decimal)地址。在实际运用中,IP 地址资源并不足以应对迅速增长的互联网设备数量,因此从 IP 地址中拿出一部分作为私有 IP 地址,此类 IP 地址不能被路由到 Internet 骨干网上,需要使用网络地址转换(Network Address

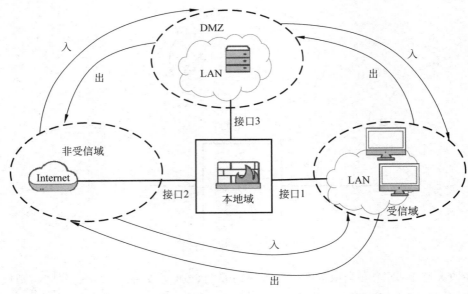

图 3-3　域间方向

Translation,NAT)转换为公有地址。根据不同的取值范围,IP 地址共分为 5 类:

(1) A 类 IP 地址。网络号长度为 8 位,主机号长度为 24 位,地址范围为 0.0.0.0~127.255.255.255。网络号为全 0 和第一位为 0、其余 7 位为全 1(用十进制表示为 0 与 127)的两个地址保留用于特殊目的,因此实际允许有 126 个不同的 A 类网络。A 类 IP 地址结构适用于有大量主机的大型网络。在 A 类 IP 地址中,私有 IP 地址范围为 10.0.0.0~10.255.255.255,即 10.0.0.0/8。

(2) B 类 IP 地址。网络号长度为 16 位,主机号长度为 16 位,地址范围为 128.0.0.0~191.255.255.255。B 类 IP 地址适用于国际性大公司与政府机构等使用。在 B 类 IP 地址中,私有 IP 地址范围为 172.16.0.0~172.31.255.255,即 172.16.0.0/12。

(3) C 类 IP 地址。网络号长度为 24 位,主机号长度为 8 位,地址范围为 192.0.0.0~223.255.255.255。C 类 IP 地址适用于小公司与普通的研究机构。在 C 类 IP 地址中,私有 IP 地址范围为 192.168.0.0~192.168.255.255,即 192.168.0.0/16。

(4) D 类 IP 地址。不标识网络,地址范围为 224.0.0.0~239.255.255.255,用于其他特殊的用途,如多播(multicasting)。

(5) E 类 IP 地址。地址范围为 240.0.0.0~255.255.255.255,E 类地址保留给实验和将来使用。

IP 地址的分配是一个政策性的问题。ICANN(Internet Corporation for Assigned Names and Numbers)是 Internet 的中心管理机构。ICANN 的 IANA(Internet Assigned Numbers Authority)部门负责将 IP 地址分配给 5 个区域性的互联网注册机构(Reginal Internet Registry,RIR)。RIR 将地址进一步分配给当地的 ISP,如中国电信和中国网通。ISP 再根据自己的情况,将 IP 地址分配给机构或者直接分配给用户。机构可以进一步在局域网内部将 IP 地址分配给各个主机。

3.2.2　IP 协议

IP(Internet Protocol,互联网协议)是网络层的主要协议之一,它是为了计算机网络相互连接进行通信而设计的协议,规定了连接到互联网上的所有计算机在通信时应遵守的规则。IP 协议是一种不可靠、无连接的数据报传送服务协议,是点对点网络层通信协议。

网络层(network layer)是实现互联网的最重要的一层。正是在网络层上,各个局域网根据 IP 协议相互连接,最终构成覆盖全球的互联网。更高层的协议,无论是 TCP 还是 UDP,必须通过网络层的 IP 数据包来传递信息。

IP 数据包是符合 IP 协议的信息。IP 包分为头部(header)和数据(data)两部分。头部是为了能够实现传输而附加的信息,数据部分是要传送的信息。

1. IPv4 协议

IPv4 协议是 IP 协议的第 4 版,是第一个被广泛使用,也是构成现今互联网技术基石的协议。IPv4 地址长度为 32 位,分为网络地址和主机地址两个部分。IPv4 数据包由头部和实际数据组成:数据一般用来传送其他协议;包头主要包括版本、包头长度、服务类型、包总长度等部分。IPv4 数据包格式如图 3-4 所示。

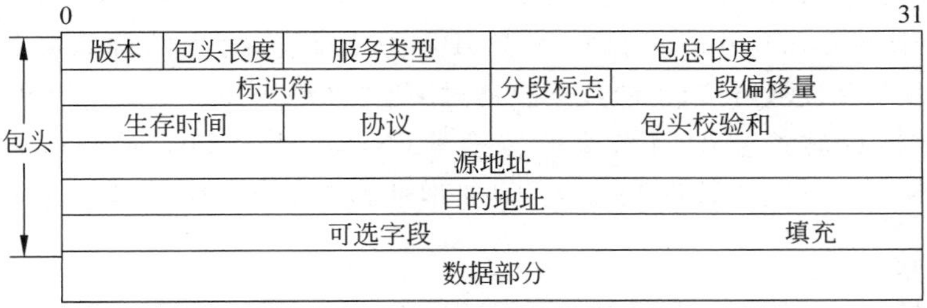

图 3-4　IPv4 数据包格式

2. IPv6 协议

随着互联网用户的增多,32 位地址资源已经不能满足用户的需求了。IPv6 的优势就在于它大大地扩展了地址的可用空间,其地址占 16B,可以满足互联网发展的需要。IPv6 地址有 128 位,通常写成 8 组,每组为 4 个十六进制数的形式。IPv6 还对包头进行了简化,提高了路由器的吞吐量,同时强化了安全功能,支持数据包的加密。

IPv6 网络中仍需要使用防火墙、入侵检测系统等安全设备,但由于 IPv6 的一些新特点,IPv4 网络中现有的这些安全设备在 IPv6 网络中不能直接使用,还需要做出一些改进。

由于 IPv6 相对于 IPv4 在数据包头上有了很大的改变,所以原来的防火墙产品在 IPv6 网络上不能直接使用,必须做一些改进。针对 IPv6 的 Socket(套接口)函数已经在 RFC 3493: *Basic Socket Interface Extensions for IPv6* 中定义,以前的应用程序都必须参考新的 API 做相应的改动。

IPv4 中防火墙过滤的依据是 IP 地址和 TCP/UDP 端口号。IPv4 中 IP 头部和 TCP

头部是紧接在一起的,而且其长度是固定的,所以防火墙很容易找到头部,并应用相应的策略。然而在 IPv6 中 TCP/UDP 头部的位置有了根本的变化,它们不再是紧接在一起的,通常中间还间隔了其他扩展头部,如路由选项头部、AH/ESP 头部等。防火墙必须读懂整个数据包才能进行过滤操作,这对防火墙的处理性能会有很大的影响。

3.2.3　IPv4 向 IPv6 的过渡

2017 年 11 月 26 日,中共中央办公厅、国务院办公厅印发了《推进互联网协议第六版(IPv6)规模部署行动计划》,并发出通知,要求各地区各部门结合实际认真贯彻落实。希望用 5～10 年时间,形成下一代互联网自主技术体系和产业生态,建成全球最大规模的 IPv6 商业应用网络,实现下一代互联网在经济社会各领域深度融合应用,成为全球下一代互联网发展的重要主导力量。

目前,网络上的绝大部分设备都是 IPv4 设备,若把这些设备全部换成 IPv6 设备,所需的成本巨大;另外,网络的升级换代还要保证不中断现有业务。综合以上因素,从 IPv4 过渡到 IPv6 注定是一个渐进的过程,而且这一过程要持续相当长的时间。为了解决这些问题,IETF(Internet Engineering Task Force,互联网工程任务组)设计了 3 种 IPv4 向 IPv6 过渡的技术:

(1) 双协议栈(dual stack):节点上同时运行 IPv4 和 IPv6 两套协议栈。

(2) 隧道技术(tunneling):该技术将 IPv6 的分组作为无结构意义的数据封装在 IPv4 数据包中,并把这些封装了的数据包通过 IPv4 网络送往一个 IPv4 目的节点。

(3) 附带协议转换器的网络地址转换器(Network Address Translation-Protocol Translation,NAT-PT):NAT-PT 进行 IPv4 地址和 IPv6 地址转换,并包括协议翻译。

1. 双协议栈

双栈是指同时支持 IPv4 协议栈和 IPv6 协议栈。双栈节点同时支持与 IPv4 和 IPv6 节点的通信,当和 IPv4 节点通信时需要采用 IPv4 协议栈,当和 IPv6 节点通信时需要采用 IPv6 协议栈。双栈节点访问业务时支持通过 DNS 解析结果选择通信协议栈。即当域名解析结果返回 IPv4 或 IPv6 地址时,节点可用相应的协议栈与之通信。

双栈方式是一种直观地解决 IPv4/IPv6 共存问题的方式,但只有当通信双方数据包通路上的所有节点设备都支持双栈后,这种方式才能充分发挥其作用。

一个典型的 IPv4/IPv6 双协议栈结构如图 3-5 所示。在以太网中,数据包头的协议字段分别用值 0x86DD 和 0x0800 来区分所采用的是 IPv6 还是 IPv4。

0   31

版本	包头长度	服务类型	包总长度	
标识符			分段标志	段偏移量
生存时间		协议	包头校验和	
源地址				
目的地址				
可选字段			填充	
数据部分				

图 3-5　IPv4/IPv6 双协议栈结构

双栈方式的工作机制可以简单描述为：链路层解析出接收到的数据包的数据段，拆开并检查包头。如果 IPv4/IPv6 包头中的第一个字段，即 IP 包的版本号是 4，该包就由 IPv4 的协议栈来处理；如果版本号是 6，则由 IPv6 的协议栈处理。

IPv4/IPv6 双协议栈的工作过程如图 3-6 所示。

双栈机制是使 IPv6 节点与 IPv4 节点兼容的最直接的方式，互通性好，易于理解。但是双协议栈的使用将增加内存开销和 CPU 占用率，降低设备的性能，也不能解决地址紧缺问题。同时由于需要双路由基础设施，这种方式反而增加了网络的复杂度。

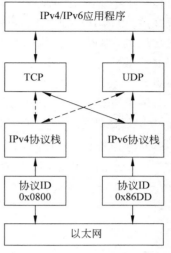

图 3-6　IPv4 和 IPv6 双协议栈的工作过程

2. 隧道技术

随着 IPv6 网络的发展，出现了许多局部的 IPv6 网络。为了实现这些孤立的 IPv6 网络之间的互通，人们采用了隧道技术。隧道技术是在 IPv6 网络与 IPv4 网络间的隧道入口处，由路由器将 IPv6 的数据分组封装到 IPv4 分组中。IPv4 分组的源地址和目的地址分别是隧道入口和出口的 IPv4 地址。在隧道的出口处拆封 IPv4 分组并剥离出 IPv6 数据包。

隧道技术的优点在于隧道的透明性，IPv6 主机之间的通信可以忽略隧道的存在，隧道只起到物理通道的作用。在 IPv6 发展初期，隧道技术穿越现存 IPv4 网络，实现了 IPv6 孤岛间的互通，逐步扩大了 IPv6 的实现范围，因而是 IPv4 向 IPv6 过渡初期最易于采用的技术。但是隧道技术不能实现 IPv4 主机与 IPv6 主机的直接通信。

IPv6 网络边缘设备收到 IPv6 网络的 IPv6 报文后，将 IPv6 报文封装在 IPv4 报文中，成为一个 IPv4 报文，在 IPv4 网络中传输到目的 IPv6 网络的边缘设备后，解封装，即去掉外部 IPv4 头，恢复原来的 IPv6 报文，进行 IPv6 转发，如图 3-7 所示。

图 3-7　IPv6 报文穿越 IPv4 隧道

用于 IPv6 穿越 IPv4 网络的隧道技术主要有两个。

1）IPv6 手工配置隧道

IPv6 手工配置隧道的源和目的地址是手工指定的，它提供了一个点到点的连接。IPv6 手工配置隧道可以建立在两个边界路由器之间，为被 IPv4 网络分离的 IPv6 网络提供稳定的连接；或建立在终端系统与边界路由器之间，为终端系统访问 IPv6 网络提供连接。隧道的端点设备必须支持 IPv4/IPv6 双协议栈。其他设备只需实现单协议栈即可。

IPv6 手工配置隧道要求在设备上手工配置隧道的源地址和目的地址。如果一个边界设备要与多个设备建立手工隧道，就需要在设备上配置多个隧道。所以手工隧道通常用于两个边界路由器之间,为两个 IPv6 网络提供连接。

一个手工隧道在设备上以一个虚拟隧道接口的方式存在,从 IPv6 侧收到一个 IPv6 报文后,根据 IPv6 报文的目的地址查找 IPv6 转发表,如果该报文是从此虚拟隧道接口转发出去的,则根据隧道接口配置的隧道源端和目的端的 IPv4 地址进行封装。封装后的报文变成一个 IPv4 报文,交给 IPv4 协议栈处理。报文通过 IPv4 网络转发到隧道的终点。

隧道终点收到一个隧道协议报文后,进行隧道解封装。并将解封装后的报文交给 IPv6 协议栈处理。一个设备上不能配置两个源和目的地址都相同的 IPv6 手工隧道。手动配置隧道如图 3-8 所示。

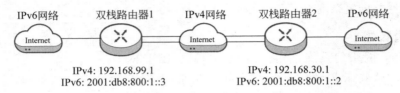

图 3-8　手动配置隧道

2）6to4 自动隧道

6to4 自动隧道也是使用内嵌在 IPv6 地址中的 IPv4 地址建立的。6to4 自动隧道可以将多个 IPv6 域通过 IPv4 网络连接到 IPv6 网络。与 IPv4 兼容自动隧道不同,6to4 自动隧道支持路由器到路由器、主机到路由器、路由器到主机、主机到主机。这是因为 6to4 地址用 IPv4 地址作为网络标识,其地址格式如图 3-9 所示。

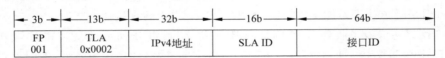

图 3-9　6to4 自动隧道地址格式

其格式前缀（FP）为二进制的 001,这是可聚合全局单播地址的格式前缀;TLA 为 0x0002,这是顶级聚合标识符。也就是说,6to4 节点的 IPv6 地址前缀是统一的 2002::/ 16 地址空间,而一个 6to4 网络可以表示为 2002:IPv4 地址::/48。

通过 6to4 自动隧道,可以让孤立的 IPv6 网络之间通过 IPv4 网络连接起来。6to4 自动隧道是通过虚拟隧道接口实现的,6to4 自动隧道入口的 IPv4 地址手工指定,隧道的目的地址根据通过隧道转发的报文来决定。如果 IPv6 报文的目的地址是 6to4 隧道地址,则从报文的目的地址中提取出 IPv4 地址作为隧道的目的地址;如果 IPv6 报文的目的地址不是 6to4 隧道地址,但下一跳是 6to4 隧道地址,则从下一跳地址中取出 IPv4 地址作为隧道的目的地址,这也称为 6to4 中继。6to4 隧道的工作过程如图 3-10 所示。

3. 附带协议转换器的网络地址转换器

附带协议转换器的网络地址转换器允许只支持 IPv6 协议的主机与只支持 IPv4 协议的主机互联,一个位于 IPv4 网络和 IPv6 网络边界的设备负责在 IPv4 报文与 IPv6 报文之间进行转换。NAT-PT 把 SIIT 协议转换技术和 IPv4 网络的动态地址转换技术结合

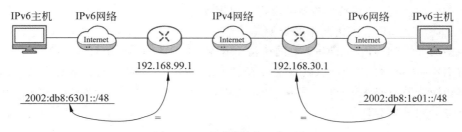

图 3-10 6to4 隧道的工作过程

在一起,它利用了 SIIT 技术的工作机制,同时又利用传统的 IPv4 下的 NAT 技术来动态地给访问 IPv4 节点的 IPv6 节点分配 IPv4 地址,很好地解决了 SIIT 技术中全局 IPv4 地址池规模有限的问题。同时,通过传输层端口转换技术使多个 IPv6 主机共用一个 IPv4 地址。NAT-PT 的工作原理如图 3-11 所示。

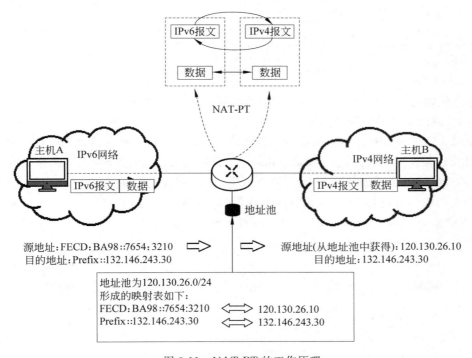

图 3-11 NAT-PT 的工作原理

NAT-PT 设备上需要设置 IPv4 主机的转换规则、IPv6 主机的转换规则、IPv6 主机使用的 IPv4 地址。报文经过 NAT-PT 设备时,根据 NAT-PT 的转换规则对报文进行协议转换。转换规则分为如下几种:

- IPv4 主机的静态规则:一个 IPv4 主机对应一个虚拟的 IPv6 地址。
- IPv4 主机的动态规则:规定一组 IPv4 主机的地址如何映射成 IPv6 地址。通常是指定一个 96 位的前缀添加在原 IPv4 地址前面组成一个 IPv6 地址。
- IPv6 主机的静态转换规则:一个 IPv6 主机对应一个虚拟 IPv4 地址。

- IPv6 主机的动态转换规则：规定一组 IPv6 主机与 IPv4 地址的对应关系，IPv4 地址是多个 IPv6 主机共享的资源。

静态 NAT-PT 是由 NAT-PT 网关静态配置 IPv6 和 IPv4 地址绑定关系。当 IPv4 主机与 IPv6 主机之间互通时，其报文在经过 NAT-PT 网关时由网关根据配置的绑定关系进行转换。不管是 IPv6 主机还是 IPv4 主机，如果配置了静态绑定关系，则另一侧的主机可以主动向其发起连接，如图 3-12 所示。

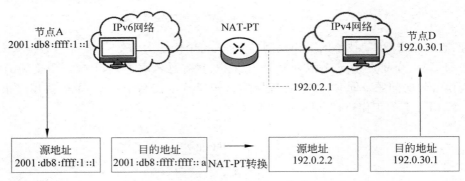

图 3-12 静态 NAT-PT 工作原理

静态配置对那些经常在线或需要提供稳定连接的主机比较适合。对于那些不经常使用的主机，可以采用动态配置的方法。

如图 3-13 所示，IPv4 侧主机采用了静态映射，而 IPv6 侧主机采用动态映射。当 PC1 向 PC2 发送报文时，其源地址为 2001:db2::1，目的地址为 2001:ad::1。此报文在到达 NAT-PT 网关时，目的地址符合 IPv4 静态规则，IPv4 报文的目的地址为 101.1.1.1。而 IPv6 报文的源地址符合 IPv6 主机的动态规则，则从规则的地址池中选择一个未使用的地址，假设是 16.1.1.10，作为 IPv4 报文的源地址。那么转换后的 IPv4 报文就是源地址为 16.1.1.10，目的地址为 101.1.1.1。

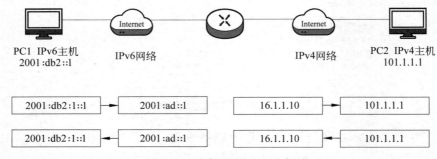

图 3-13 动态 NAT-PT 示意图

在动态 NAT-PT 中，IPv4 地址池中的地址可以复用，也就是若干个 IPv6 地址可以转换为一个 IPv4 地址，它利用了上层协议（UDP/TCP 的端口）映射的方法。

动态 NAT-PT 改进了静态 NAT-PT 配置复杂、消耗大量 IPv4 地址的缺点。由于它采用了上层协议映射的方法，所以只用很少的 IPv4 地址就可以支持大量的 IPv6 地址到

IPv4 地址的转换。但由于 IPv6 侧的映射是动态的,如果 IPv4 主机向 IPv6 主机发起连接,由于不知道 IPv6 主机应用映射后的结果,所以无法直接与 IPv6 主机连接。这需要结合 DNS ALG 来实现。

应用层网关(Application Level Gateway,ALG)通过使用 DNS ALG,可以做到 IPv4 与 IPv6 网络中任一方均可主动发起连接,只需要配置一个 DNS 服务器的静态映射即可。

例如,IPv4 主机要访问 IPv6 主机 www.abc.com,首先向 IPv6 网络中的 DNS 发出名字解析请求,报文类型为 A 类查询报文。这个请求到达 NAT-PT 后,NAT-PT 对报文头部按普通报文进行转换。同时,由于 DNS 报文需要进行 ALG 处理,把 A 类查询报文转换成 AAAA 或 A6 类查询报文,然后将此报文转发给 IPv6 网络内的 DNS,如图 3-14 所示。

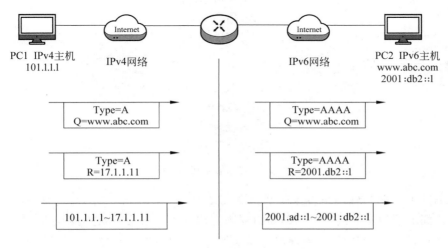

图 3-14 NAT-PT DNS ALG 示意图

IPv6 网络中的 DNS 收到报文后,查询自己的记录表,解析出主机 www.abc.com 的 IPv6 地址是 2001:db2::1,回应查询结果。NAT-PT 对此报文的报文头进行转换,同时, DNS ALG 将其中的 DNS 应答部分也进行修改,把 AAAA 或 A6 类应答转成 A 类应答, 并从 IPv4 地址池中分配一个地址 17.1.1.11,替换应答中的 IPv6 地址 2001:db22::1,并记录二者之间的映射信息。

IPv4 主机在收到此 DNS 应答之后,就知道了主机 www.abc.com 的 IPv4 地址是 17.1.1.11。于是发起到主机 www.abc.com 的连接。由于在 NAT-PT 中已经记录了 IPv4 地址 17.1.1.11 与 IPv6 地址 2001:db2::1 之间的映射信息,因此可以对地址进行转换。

NAT-PT 不必修改已存在的 IPv4 网络就可实现内部网络 IPv4 主机对外部网络 IPv6 主机的访问,且通过上层协议映射使大量的 IPv6 主机使用同一个 IPv4 地址,节省了宝贵的 IPv4 地址,所以是一个很优秀的 IPv4 与 IPv6 网络之间的过渡技术。但 NAT-PT 也有它的缺点,属于同一会话的请求和响应都要通过同一 NAT-PT 设备,对 NAT-PT 设备的性能要求很高。

3.3 VLAN 技术

3.3.1 VLAN 技术原理

虚拟局域网(Virtual Local Area Network,VLAN)是一种不受物理网络分段或者传统 LAN 限制的一组网络服务。它可以根据企业或机构的组织结构的需要,基于功能、部门及应用等因素将交换网络从逻辑上分段,而不受网络用户的物理位置限制,所有在同一个 VLAN 里的主机可以共享资源,如图 3-15 所示。

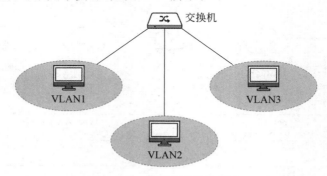

图 3-15　虚拟局域网示意图

VLAN 工作在 OSI 网络参考模型的第二层和第三层,一个 VLAN 就是一个广播域,VLAN 之间的通信是通过第三层的路由器来完成的。二层交换机不能让 VLAN 之间互相访问,VLAN 之间的访问只能通过三层交换机来实现,所以在组建 VLAN 时一般要求要有三层交换机,这样才能实现不同 VLAN 之间的通信。一个 VLAN 内部的广播和单播流量都不会转发到其他 VLAN 中。即使是两台计算机有着同样的网段,但由于它们有不同的 VLAN 号,它们各自的广播也不会相互转发,从而有助于控制流量,减少设备投资,简化网络管理和提高网络的安全性。

在计算机网络中,一个二层网络可以被划分为多个不同的广播域,一个广播域对应一个特定的用户组,默认情况下这些不同的广播域是相互隔离的。不同的广播域之间通信时需通过一个或多个路由器。这样的一个广播域就称为 VLAN。

VLAN 的划分方式共有 4 种:基于端口的 VLAN、基于 MAC 地址的 VLAN、基于网络层的 VLAN 和基于 IP 多播的 VLAN。

基于端口的 VLAN 也称静态 VLAN,是最简单、最有效的 VLAN 划分方法,它按照局域网交换机端口来定义 VLAN 成员。VLAN 从逻辑上划分局域网交换机的端口,从而将终端系统划分为不同的部分,各部分相对独立,在功能上模拟了传统的局域网。属于这种 VLAN 的端口通常通过交换机以命令行的形式加入 VLAN,当交换机上某一个端口被加入到某一个 VLAN 之后,就固定不变,除非重新配置。配置完成以后,当主机连接到某一端口后,该主机就进入该端口所属的 VLAN,能与该 VLAN 中的主机相互通信。此种划分方式如图 3-16 所示。

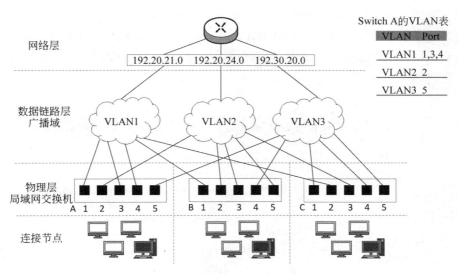

图 3-16 基于端口的 VLAN

基于 MAC 地址的 VLAN 也称为动态 VLAN。它是用系统的 MAC 地址定义的 VLAN。这种方式的 VLAN 根据主机的 MAC 地址来划分，所以所有用户必须明确地分配一个 VLAN。这种 VLAN 允许工作站移动到网络的其他物理网段时自动保持原来的 VLAN 成员资格。该方案在网络规模较小的时候是一个很好的选择，并且其相对于静态 VLAN 最大的优点在于：当用户的物理位置发生变化时，VLAN 不用重新配置，用户会自动保留其所属 VLAN 组的成员身份。其缺点是：随着网络规模的扩大和网络设备、用户的增加，其管理难度也会大大增加。此种划分方式如图 3-17 所示。

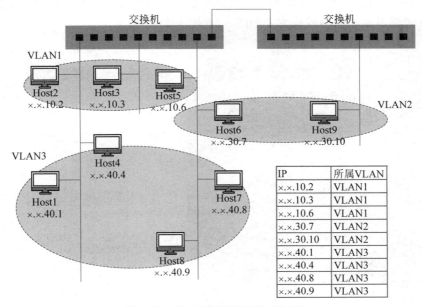

图 3-17 基于 MAC 地址的 VLAN

　　基于网络层的 VLAN 有两种方案：一种是按网络层协议来划分；另一种则是按网络地址来划分。这种方法在新增节点时实现比较方便、简单，交换机会根据 IP 地址自动将其划分到不同 VLAN。但其缺点是涉及网络层协议或网络地址的处理，速度比较慢。此种划分方式如图 3-18 所示。

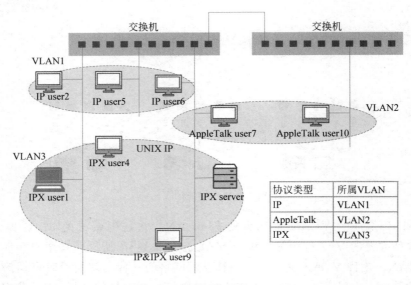

图 3-18　基于网络层的 VLAN

　　基于 IP 多播的 VLAN 认为任何属于同一 IP 多播组的主机都属于同一 VLAN。所有加入同一个广播域的工作站均被视为同一个 VLAN 的成员，并且成员身份可根据实际需要保留一定时间。这种方式带来了巨大的灵活性和可延展性，可以将 VLAN 扩展到广域网，但其效率不高。此种划分方式如图 3-19 所示。

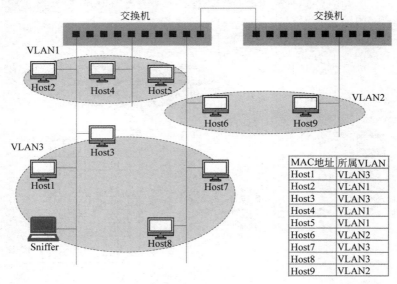

图 3-19　基于 IP 多播的 VLAN

3.3.2　VLAN 技术的优缺点

采用 VLAN 时可将某个交换机端口划到某个 VLAN 中,而一个 VLAN 的广播风暴不会影响其他 VLAN 的性能。并且 VLAN 能确保网络的安全性。共享式局域网之所以很难保证网络的安全性,是因为只要用户插入一个活动端口就能访问网络;而 VLAN 能限制个别用户的访问,控制广播组的大小和位置,甚至能锁定某台设备的 MAC 地址。

基于端口的 VLAN 的优点为:由于一个端口就是一个独立的局域网,所以,当数据在网络中传输的时候,交换机就不会把数据包转发给其他的端口。如果用户需要将数据发送到其他的 VLAN 中,就需要先由交换机发往路由器,再由路由器发往其他端口;同时以端口为中心的 VLAN 中完全由用户自由支配端口,无形之中就更利于管理。但是其不足之处在于:当用户位置改变时,往往也伴随着网线的迁移。如果不会经常移动客户机,这是一种较好的方式。

静态 VLAN 与基于端口的 VLAN 有一些相似之处,用户可在交换机上让一个或多个交换机端口形成一个略大一些的 VLAN。从一定意义上讲,静态 VLAN 在某种程度上弥补了基于端口的 VLAN 的缺点。从缺陷方面来看,静态 VLAN 虽说是可以将多个端口设置成一个 VLAN,但是假如两个不同端口、不同 VLAN 的人员聚到一起协商一些事情,就会出现问题,因为端口及 VLAN 的不一致往往会直接导致某个 VLAN 的人员不能正常访问他原先所在的 VLAN(静态 VLAN 的端口在同一时间只能属于同一个 VLAN),这样就需要网络管理人员随时配合,及时修改该线路上的端口。

与以上两种 VLAN 的划分方式相比,动态 VLAN 具有很多优点。首先,它适用于当前的无线局域网技术。其次,当用户需要对工作基点进行移动时,完全不用担心在静态 VLAN 与基于端口的 VLAN 出现的一些问题会在动态 VLAN 中出现,因为动态 VLAN 在建立初期已经由网络管理员将整个网络中的所有 MAC 地址都输入到路由器中,同时由路由器通过 MAC 地址来自动区分每一台计算机属于哪一个 VLAN,之后将这台计算机连接到对应的 VLAN 中。与以上两种 VLAN 的组成方式相比,动态 VLAN 的缺点较少,主要不便之处是:在 VLAN 建立初期,网络管理人员需将所有计算机的 MAC 地址进行登记,然后划分出 MAC 地址对应计算机的不同权限。与传统的局域网技术相比较,VLAN 技术更加灵活。它具有以下优点:网络设备的移动、添加和修改的管理开销小;可以控制广播活动;可提高网络的安全性。

3.4　路由

在对防火墙设备进行初始化时,为其配置 IP 路由是最基本的步骤。路由是防火墙设备判断数据包转发路径的进程,路由表中包含了一个 IP 网络地址列表,防火墙设备可以通过该列表提供路由转发服务。当地址转换和其他处理任务完成以后,路由条目可以判断出为了把数据包发往特定目的网络而应该将数据包交给哪个接口和网关。如果路由表中存在有效的路由条目,路由转发机制使用数据包头部的目的 IP 地址来决定是否要转发这个数据包;如果路由表中没有有效路由条目,防火墙设备就会丢弃这个数据包。

奇安信新一代智慧防火墙提供了全面、完善的路由功能,不仅支持 IPv4 静态路由,还支持 IPv6 静态路由,支持静态多播路由及动态多播路由,支持多种动态路由,如 RIP、OS-PF、BGP、RIPng、OSPFv3、BGP4+,扩大了防火墙系统工作在路由模式下时的网络适应能力及对 IPv6 网络的适应能力。

3.4.1 静态路由

静态路由是实现数据包转发最简单的方式。静态路由将去往特定目的网络的流量转发给路由条目中明确指定的某个下一跳直连设备。对于防火墙设备直连的网络,无须配置任何路由条目来实现转发。在透明模式下,对于由防火墙设备自身产生并去往非直连网络的流量,需要指定静态路由。

静态路由可以为防火墙设备提供路由信息,而不需要使用任何动态路由。静态路由比任何动态路由的优先级都高,在设备需要将流量转发到目的地时,静态路由往往是转发的第一选择。静态路由的管理距离默认为 1,这就是说它的优先级高于所有的动态路由,仅次于直连路由。而直连路由的优先级高于所有动态和静态路由。当有很多路由条目都可以匹配某个特定的 MAC 地址时,优先选择最长匹配的路由条目。最长匹配的条目是指匹配路由掩码位数最多的那个条目。

静态路由需要由用户或网络管理员手工配置路由信息。当网络的拓扑结构或链路的状态发生变化时,网络管理员需要手工修改路由表中相关的静态路由信息。静态路由信息在默认情况下是私有的,不会传递给其他的路由器。当然,网络管理员也可以对路由器进行设置,使之成为共享的。静态路由一般适用于比较简单的网络环境,在这样的环境中,网络管理员易于清楚地了解网络的拓扑结构,便于设置正确的路由信息。静态路由转发过程如图 3-20 所示。

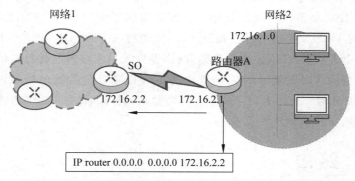

图 3-20 静态路由转发过程

在图 3-20 中,当需要经过静态路由 A 向主机发送数据时,就需要在路由器 A 中配置路由信息,修改路由表中的信息,例如使用命令 ip route 172.16.1.0 255.255.255.0 172.16.2.1,在静态路由 A 的路由表中添加一条向主机发送数据的路由信息。

静态路由具有以下特点:

（1）手动配置。静态路由需要网络管理员根据实际需要逐条手工配置,路由器不会自动生成所需的静态路由。静态路由中包括目的节点或目的网络的 IP 地址,还可以包括下一跳 IP 地址(通常是下一个路由器与本地路由器连接的接口 IP 地址),以及在本路由器上使用该静态路由时的数据包出接口等。

（2）路由路径相对固定。因为静态路由是手工配置的、静态的,所以每个配置的静态路由在本地路由器上的路径基本上是不变的,除非由网络管理员自己修改。另外,当网络的拓扑结构或链路的状态发生变化时,这些静态路由也不能自动修改,需要网络管理员手工修改路由表中相关的静态路由信息。

（3）不可通告性。静态路由信息在默认情况下是私有的,不会通告给其他路由器,也就是当在一个路由器上配置了某条静态路由时,它不会被通告到网络中相连的其他路由器上。但网络管理员还是可以通过重发布静态路由为其他动态路由,使得网络中其他路由器也可获得此静态路由。

（4）单向性。静态路由具有单向性,也就是它仅允许数据包沿着下一跳的方向进行路由,不提供反向路由。所以如果你使源节点与目的节点或网络进行双向通信,就必须同时配置回程静态路由。如果配置了到达某节点的静态路由,仍然 ping 不通目的地址,其中一个重要原因就是没有配置回程静态路由。

3.4.2　默认路由

为避免分别为所有可能的目的网络设置静态路由条目,可以用默认路由对在路由表中找不到相应目的地址的数据包进行转发。在一些拓扑结构中,设备没有必要获得所有具体的网络信息,在这种情况下,默认路由可以最大限度地发挥作用。例如在末节网络中或只有单一路径与外部网络相连的时候,默认路由就是一条静态路由,配置默认路由和配置静态路由的方法一样,都要使用 route 命令,默认路由常常指向外部网络或外部接口。

默认路由(default route)是一种特殊的静态路由,当路由表中与包的目的地址之间没有匹配的表项时,路由器能够使用默认路由。如果没有默认路由,那么目的地址在路由表中没有匹配表项的包将被丢弃。当设置了默认路由后,如果 IP 数据包中的目的地址在路由表中找不到路由时,路由器会选择默认路由。

默认路由为 0.0.0.0,匹配 IP 地址时,0 表示通配符,任何值都是可以的,所以 0.0.0.0 和任何目的地址匹配都会成功,实现默认路由要求的效果。

默认路由的配置和静态路由是一样的,不过要将目的 IP 地址和子网掩码改成 0.0.0.0 和 0.0.0.0。

如图 3-21 所示,网络 2 只有一个到公网的出口,就是路由器 B。于是可以通过配置默认路由使得从网络 2 内可以访问网络 1 内的所有 IP 地址,而不必逐个配置静态路由。当主机 172.16.1.0 发送数据包的目的地址不在路由表里时,就会使用默认路由 B。默认路由 B 把目的 IP 地址和子网掩码改成 0.0.0.0 和 0.0.0.0,这样就可以通过默认路由连接到网络 1 中的目的地址。

当数据包到达了一个知道如何到达目的地址的路由器时,这个路由器就会根据最长匹配原则来选择有效的路由。子网掩码匹配目的 IP 地址而且位数最多的网络会被选择。

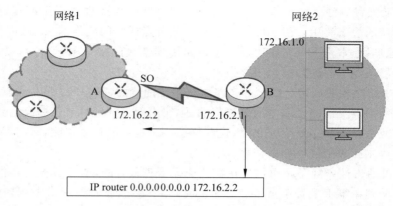

图 3-21 默认路由转发过程

默认路由在某些时候非常有效,使用默认路由可以大大简化路由器的配置,减轻路由器对路由表的维护工作量,从而降低内存和 CPU 的使用率,提高网络性能。

3.4.3 动态路由

动态路由指路由器能够自动地建立路由表,并且能够根据实际情况的变化适时地进行调整。如果路由更新信息表明发生了网络拓扑变化,路由选择软件就会重新计算路由,发出路由的更新信息。这些信息通过各个网络,引起各个路由器启动其路由算法,并更新各自的路由表以动态地反映网络拓扑变化。动态路由适用于网络规模大、网络拓扑复杂的情况。动态路由协议在一定程度上会占用网络带宽和 CPU 资源。

常见的动态路由协议有 RIP、RIPng、OSPF、BGP 等。每种路由协议的工作方式、选路原则等都有所不同。

1. RIP

路由信息协议(Routing Information Protocol,RIP)作为一种较为简单的动态路由协议有着广泛的应用。RIP 是一个应用于网关和主机之间交换路由器信息的距离矢量协议。

RIP 最初是为 Xerox 网络系统的通用协议而设计的,是 Internet 中常用的路由协议。RIP 采用距离向量算法,即路由器根据距离向量选择路由,所以也称为距离向量协议。路由器收集所有可到达目的地的不同路径,并且保存到达每个目的地的最少跳数的路由信息,除到达目的地的最佳路由外,任何其他信息均予以丢弃。同时路由器也把所收集的路由信息通知相邻的路由器,这样,正确的路由信息就逐渐扩散到全网。RIP 简单、可靠,便于配置,但是 RIP 只适用于小型的同构网络。

RIP 使用 UDP 报文进行路由信息的交换,其包头的格式如图 3-22 所示。RIP 使用跳数来衡量到达目的主机的距离,RIP 认为路由器到与它直接相连的网络的跳数为 0,通过一个路由器可达的网络的跳数为 1。为限制收敛时间,RIP 规定路由权取值为 1~15,大于或等于 16 的跳数被定义为无穷大,即目的网络或主机不可达。

14B	20B	8B	4B	20~500B	4B
Ethernet 帧头	IP 头部	UDP 头部	RIP 头部	RIP 数据	FCS

图 3-22　RIP 包头

2. RIPng

考虑到 RIP 与 IPv6 的兼容性问题,IETF 对现有技术进行改造,制定了 IPv6 下的 RIP 标准,即 RIPng(RIP next generation)。RIPng 是基于 UDP 的协议,并且使用端口 521 发送和接收数据报。RIPng 报文大致可分为两类:选路信息报文和用于请求信息的报文。运行 RIPng 的路由器维持一个到所有可能目的网络的路由表,路由器周期性地(RFC 推荐为 30s)向邻居节点发送该路由器的路由表,接收方通过接收邻居路由器的周期性通告来更新自己的路由表。RIPng 的路由器工作过程如图 3-23 所示。

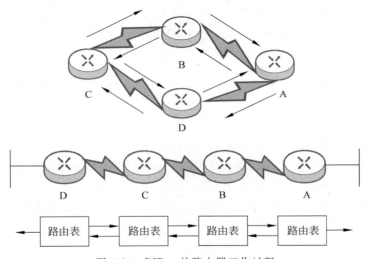

图 3-23　RIPng 的路由器工作过程

在国际性网络(如因特网)中,拥有很多应用于整个网络的路由选择协议。形成网络的每一个自治系统(AS)都有属于自己的路由选择技术,不同的自治系统采用的路由选择技术也不同。内部网关协议(Interior Gateway Protocol,IGP)是一种自治系统内部的路由选择协议。外部网关协议(Exterior Gateway Protocol,EGP)是一种用于在自治系统之间传输路由选择信息的协议。RIPng 在中等规模的 AS 中被用作 IGP 协议。对于较复杂的网络环境,RIPng 不适用。

3. OSPF

20 世纪 80 年代中期,RIP 已不能适应大规模异构网络的互联,OSPF(Open Shortest Path First,开放式最短路径优先)随之产生。它是因特网工程任务组(IETF)的内部网关协议工作组为 IP 网络而开发的一种路由协议。

使用 OSPF 路由协议的路由器有责任和邻居路由器会话,并获悉它们的名字。每个路由器构建一个称为链路状态广播（Link-State Advertisement，LSA）的包，该包列出了邻居路由器的名字和到达这些邻居路由器的开销。LSA 被传送到所有路由器，每个路由器存储了来自其他路由器的最新的 LSA。每个路由器有了完整的拓扑图后，计算出到每个目的地的路由。

OSPF 是一种基于链路状态的路由协议，需要每个路由器向其同一管理域的所有其他路由器发送链路状态广播信息。在 OSPF 的链路状态广播中包括所有接口信息、所有的量度（metric）和其他一些变量。利用 OSPF 的路由器首先必须收集有关的链路状态信息，并根据一定的算法计算出到每个节点的最短路径。而基于距离向量的路由协议仅向其邻居路由器发送路由更新信息。OSPF 基于路由器每一个接口指定的开销来决定最短路径。路由的开销是指沿着到达目的网络的路由上所有出接口的开销之和。OSPF 的路由器工作过程如图 3-24 所示，流入路由器 A 的带宽为 100Mb/s，所以此部分的开销为 $\text{cost}=10^8/(100\times10^6)=1$；从路由器 A 到路由器 B 的带宽也为 100Mb/s，所以此部分的开销也为 $\text{cost}=10^8/(100\times10^6)=1$；从路由器 B 到路由器 C 的带宽为 128kb/s，所以此部分的开销为 $\text{cost}=10^8/(128\times10^3)=781$。因此，这段路径的开销为 $1+1+781=783$。

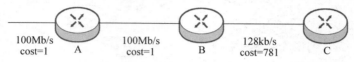

100Mb/s cost=1   A   100Mb/s cost=1   B   128kb/s cost=781   C

图 3-24　OSPF 的路由器工作过程

与 RIP 不同，OSPF 将一个自治域再划分为区，相应地有两种类型的路由选择方式：当源和目的地在同一区时，采用区内路由选择；当源和目的地在不同区时，则采用区间路由选择。这就大大减少了网络开销，并提高了网络的稳定性。当一个区内的路由器出故障时，并不影响自治域内其他区间路由器的正常工作，这也给网络的管理、维护带来了方便。

4. BGP

BGP（Border Gateway Protocol，边界网关协议）是为 TCP/IP 互联网设计的外部网关协议，用于多个自治域之间。它既不是基于纯粹的链路状态算法，也不是基于纯粹的距离向量算法。它的主要功能是与其他自治域的 BGP 交换网络可达信息。各个自治域可以运行不同的内部网关协议。BGP 更新信息包括网络号和自治域路径的成对信息，自治域路径包括到达某个特定网络需经过的自治域序列。这些更新信息通过 TCP 传送出去，以保证传输的可靠性。

3.4.4　策略路由

策略路由（policy route）是指在决定一个 IP 包的下一跳转发地址或下一跳默认 IP 地址时，不是简单地根据目的 IP 地址决定，而是综合考虑多种因素。例如可以根据 DSCP 字段、源和目的端口号、源 IP 地址等来为数据包选择路径。策略路由可以在一定程度上实现流量工程，使不同服务质量的流或者不同性质的数据（语音、FTP）走不同的路径。

策略路由由以下两部分组成：

（1）匹配条件。用于区分将要应用策略路由的流量。匹配条件包括报文源 IP 地址、目的 IP 地址、协议类型、应用类型等，不同的防火墙可以设置的匹配条件略有不同。在一条策略路由规则中可以包含多个匹配条件，各匹配条件之间是"与"的关系，报文必须同时满足所有匹配条件，才可以执行后续定义的动作。

（2）动作。对符合匹配条件的流量采取的动作，包括指定出接口和下一跳。

当有多条策略路由规则时，防火墙会按照匹配顺序，先寻找第一条规则，如果满足第一条规则的匹配条件，则按照其指定动作处理报文；否则会寻找下一条策略路由规则。如果所有的策略路由规则的匹配条件都无法满足，报文按照路由表进行转发。策略路由的匹配是在报文查找路由表之前完成的，也就是说策略路由比路由表中的路由的优先级高。策略路由工作流程如图 3-25 所示。

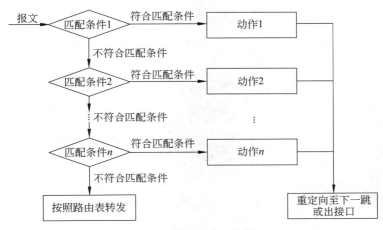

图 3-25　策略路由工作流程

策略路由根据一定的策略进行报文转发，因此它是一种比目的路由更灵活的路由机制。在路由器转发一个数据报文时，首先根据配置的规则对报文进行过滤，匹配成功则按照一定的转发策略进行报文转发。这种规则可以基于标准和扩展访问控制列表，也可以基于报文的长度。而转发策略则是控制报文按照指定的策略路由表进行转发，也可以修改报文的 IP 优先字段。因此，策略路由是对传统 IP 路由机制的有效增强。

策略路由能满足基于源 IP 地址、目的 IP 址、协议字段甚至 TCP 和 UDP 的源、目的端口等多种组合进行选路。使用策略路由的管理人员可以根据它提供的机制指定一个报文采取的具体路径。策略路由工作原理如图 3-26 所示。

策略路由按报文类型可以分为两种：单播策略路由，即只针对单播报文进行控制；多播策略路由，即只对多播报文进行控制。策略路由按报文分类的工作过程如图 3-27 所示。

策略路由既可以应用于转发的报文，此种应用称为接口策略路由；又可以应用于路由器本地产生的报文，此种路由称为本地策略路由。接口策略路由只对转发的报文起作用，对本地产生的报文（比如本地的 ping 报文）不起作用；而本地策略路由只对本地产生的报文起作用，对转发的报文不起作用。

策略路由具有以下优点：

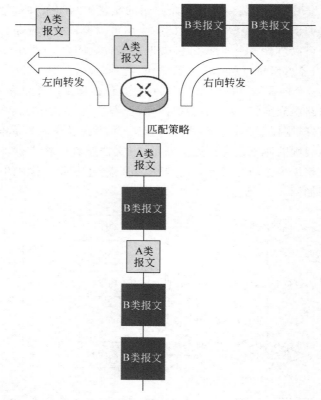

图 3-26 策略路由工作原理

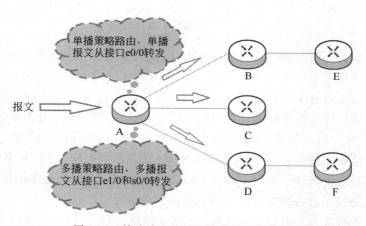

图 3-27 策略路由按报文分类的工作过程

（1）选路灵活。通过策略路由使源于不同用户组的数据流经过不同的路径。

（2）服务质量较高。可以在网络边缘路由器上设置 IP 数据包包头中的优先级或TOS 值，并利用队列机制在网络核心或主干中为数据流划分不同的优先级，为不同的数据流提供不同质量级别的服务。

（3）负载均衡。网络管理员可以通过策略路由在多条路径上分发数据流。

（4）网络管理灵活。

3.4.5　ISP 路由及对称路由

除以上基本功能，奇安信新一代智慧防火墙还提供 ISP 路由功能和对称路由功能。互联网服务提供商（Internet Service Provider，ISP）路由功能主要为用户提供基于不同运营商的路由出口选择策略。ISP 路由的应用环境为用户使用多出口上网，并且多个出口对应多个运营商。跨运营商访问服务的速度往往会慢一些，因此，如果目的地址是中国电信的地址，就将该目的地址添加一条对应的静态路由指向中国电信出口。但是运营商的地址范围通常非常大，如果手工添加静态路由，对用户来说是一件非常麻烦且耗时的工作。

ISP 路由智能选路功能提供了快速添加运营商路由的方法，同时支持在策略路由中引用 ISP 路由。用户可以直接选用防火墙预设置的运营商地址信息，或者将运营商的地址范围写成文本文档，导入到防火墙系统中，为每一个运营商添加一条对应出口的 ISP 路由即可。ISP 还可以为用户提供各类信息服务，如电子邮件服务、信息发布代理服务等。用户可以根据 ISP 所提供的网络带宽、入网方式、服务项目、收费标准以及管理措施等选择适合自己的 ISP。ISP 路由智能选路如图 3-28 所示。

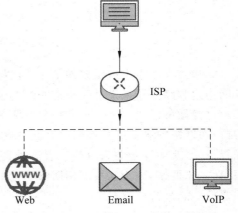

图 3-28　ISP 路由智能选路示意图

防火墙系统提供对称路由功能。用户可以通过启用接口的对称路由功能，实现用户从哪里进来访问，返回的数据从哪里再出去。例如，用户内网对外提供一个 HTTP 服务，同时用户申请了中国联通和中国电信两个接口。当中国联通的用户从中国联通接口进来访问 HTTP 服务时，对称路由功能可以让服务器返回给用户的应答数据也从中国联通接口出去。当中国电信的用户从中国电信接口进来访问 HTTP 服务时，对称路由功能可以让服务器返回给用户的应答数据也从中国电信接口出去。这样可以保证数据来回路径的一致性。

基于上述基本功能，奇安信新一代智慧防火墙支持在多出口环境中根据用户实际需求匹配多种方式的负载均衡，包括备份、轮询、源地址哈希、源地址目的地址哈希、目的地址哈希、源地址轮询、最优链路带宽负载均衡、最优链路带宽备份、随机负载均衡、流量均衡、时延负载均衡、跳数负载均衡 12 种，可以实现基于权重的路由负载、基于延迟的路由负载、基于会话的路由负载、基于流量的路由负载，满足用户的各种应用场景。

3.5　二层透明网桥模式

在透明网桥模式下，防火墙会以"额外添加设备"的形式存在，而不会作为路由的跳数。因此也就不需要对 IP 网络（第 3 层地址方案）重新进行设计。防火墙设备的内部接口和外部接口连接在整个网络(IP 子网)中,如图 3-29 所示,防火墙两个接口属于同一 IP。如果防火墙的内部接口和外部接口连接在同一台交换机上,就要把它们放在不同的二层网络中(可以给这两个接口分配不同的 VLAN 号,或者用不同的交换机连接它们)。

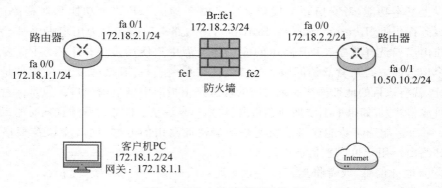

图 3-29　防火墙透明网桥模式

　　如果防火墙采用透明模式工作,可以避免改变拓扑结构造成的麻烦,此时防火墙对于子网用户和路由器来说是完全透明的。也就是说,用户完全感觉不到防火墙的存在。

　　这样做可以从本质上把网络分成两个三层网段,安全设备位于这两个网段之间充当网桥,而网络的第 3 层结构则没有发生变化。即使防火墙处于网桥模式中,仍然需要对其配置 ACL 来对穿越防火墙的三层流量实施控制和放行。但 ARP 流量除外,它不需要使用 ACL 来匹配,因为它可以用防火墙地址解析协议(Address Resolution Protocol,ARP)的监控功能进行控制。

　　透明模式不能为穿越设备的流量提供 IP 路由功能,因为它处于网桥模式中。静态路由是用来为这台设备始发流量服务的,不适用于穿越这台设备的流量。不过,只要防火墙的 ACL 有相应的匹配条目,那么 IP 路由协议数据包是可以通过这个防火墙的。OSPF、RIP 等都可以穿越透明模式的防火墙,建立临时关系。

　　防火墙的受信域接口与公司内部网络相连,非受信域接口与外部网络相连,需要注意的是,内部网络和外部网络必须处于同一个子网。

　　防火墙工作在透明模式(也可以称为网桥模式)下,此时所有接口都不能配置 IP 地址,接口所在的安全域是二层区域,和二层区域相关接口连接的外部用户同属一个子网。当报文在二层区域的接口间转发时,需要根据报文的 MAC 地址来寻找出接口,此时防火墙表现为一个透明网桥。但是防火墙与网桥存在不同,在防火墙中,IP 报文还需要送到上层进行相关过滤等处理,通过检查会话表或 ACL 规则以确定是否允许该报文通过。此外,还要完成其他防攻击检查。

　　透明模式下的防火墙只有一个 IP 地址必须配置,那就是管理 IP 地址。另外,管理 IP 地址也会作为由这台安全设备始发的数据包的源地址,比如系统消息、发送给 AAA 或 SYSLOG 服务器的消息等。管理 IP 地址必须处于这台设备直连的子网中。

　　透明模式的防火墙支持 ACL 规则检查、ASPF 状态过滤、防攻击检查、流量监控等功能。工作在透明模式下的防火墙在数据链路层连接局域网,网络终端用户无须为连接网络而对设备进行特别配置,就像局域网交换机一样进行网络连接。

下一代防火墙以透明模式部署在网络中时,如同连接在出口网关和内网交换机之间的"智能网线",实现对用户或者服务器的流量管理、行为控制、安全防护等功能。透明模式适用于不希望更改网络结构、路由配置、IP 配置的环境。此种模式的部署方式如图 3-30 所示。

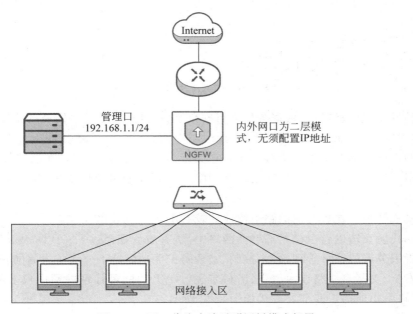

图 3-30　下一代防火墙透明网桥模式部署

3.6　三层路由模式

路由模式对应 5 个重点场景,分别是单出口、服务器负载均衡、多出口、源地址路由(策略路由)以及链路负载均衡。

当防火墙位于内部网络和外部网络之间时,需要将防火墙与内部网络、外部网络以及 DMZ 3 个区域相连的接口分别配置成不同网段的 IP 地址,重新规划原有的网络拓扑。

在路由模式下,防火墙在网络中被算作路由器的一跳,其本质上是执行路由器的操作,而且具有很多高级安全特性。在此模式下,设备可以运行 NAT 和动态路由协议,如 RIP 和 OSPF。路由模式支持使用多个接口,但每个接口必须处于不同的子网中。

如图 3-31 所示,防火墙的受信域接口与内部网络相连,非受信域接口与外部网络相连,并且受信域接口和非受信域接口分别处于两个不同的子网中。

采用路由模式时,可以完成 ACL 包过滤、ASPF 动态过滤、NAT 转换等功能。然而,路由模式需要对网络拓扑进行修改(内部网络用户需要更改网关、路由器需要更改路由配置等),这极为烦琐,因此在使用该模式时需权衡利弊。

防火墙工作在路由模式下,此时所有接口都配置 IP 地址,各接口所在的安全区域是三层区域,不同三层区域相关的接口连接的外部用户属于不同的子网。数据会在三层域

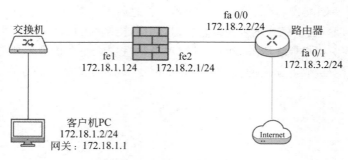

图 3-31　防火墙路由模式

之间进行转发,并且被转发的数据会被进行安全检查,当报文在三层区域的接口间进行转发时,根据报文的 IP 地址来查找路由表,此时防火墙表现为一个路由器。

使用路由模式的两个主要优势在于:它支持多个接口,而且可以在这些接口之间路由信息。多个接口提供了在三层连接多个网络并应用安全策略的能力,这些安全策略可以允许或拒绝特殊的数据流。

路由模式的缺点在于可选的路由协议比较有限并且配置比较复杂。

当下一代防火墙以路由模式部署在网络中,所有流量都经过下一代防火墙处理,实现对用户或者服务器的流量管理、行为控制、安全防护等功能。下一代防火墙的安全功能可保障网络安全、支持多线路技术、扩展出口带宽,NAT 功能可代理内网用户上网、服务器发布、实现路由功能等。其部署方式如图 3-32 所示。

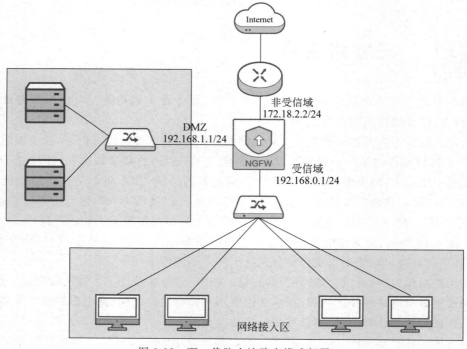

图 3-32　下一代防火墙路由模式部署

3.7　地址转换

随着互联网技术的高速发展，IP 地址资源开始短缺。目前正在使用的 IP 地址为 IPv4 版本。IPv4 的地址是一个 32 位的 0/1 序列，如 11000000 00000000 00000000 00000011。为了方便记录和阅读，通常将 32 位 0/1 分成 4 段 8 位序列，并用十进制来表示每一段，段与段之间以"."分隔。比如上面的地址可以表示为 192.0.0.3。

由于 IPv4 协议的地址为 32 位，所以它可以提供 2^{32} 个，也就是大约 40 亿个地址。IPv4 地址已经远远不够。尽管一些技术措施（比如 NAT 技术，在第 4 章会具体讲解此种技术）减缓了这种情况的紧急程度，但 IPv4 地址还是非常短缺。将来需要更多的 IP 地址，以满足爆炸式增长的互联网设备和物联网终端设备对 IP 地址的需求。

IPv6 通过更长的序列提供了更多的 IP 地址暂时解决了这个问题。IPv6 地址是 128 位 0/1 序列，它也按照 8 位分割，以十六进制来记录每一段，段与段之间以":"分隔。

人们在寻求 IPv4 替代方案，比如使用 IPv6 技术的同时，也在积极研究各种技术来减少对 IP 地址的消耗，其中最常用的技术就是网络地址转换技术（Network Address Translation，NAT）。

网络地址转换技术是一种将私有（保留）地址转化为公有（合法）IP 地址的转换技术。地址转换主要用在内部网络的 IP 地址是无效地址或网络管理员希望隐藏内部网络 IP 地址的情况下。NAT 技术不仅能解决 IP 地址不足的问题，还能隐藏内部网络的 IP 地址和拓扑结构，有效地避免来自网络外部的攻击，加强内部网络的安全性。

私有 IP 地址是指内部网络或主机的 IP 地址，公有 IP 地址是指在互联网上全球唯一的 IP 地址。RFC1918 为私有网络预留了以下 3 个 IP 地址块：

- A 类：10.0.0.0～10.255.255.255
- B 类：172.16.0.0～172.31.255.255
- C 类：192.168.0.0～192.168.255.255

这 3 个范围内的地址不会在互联网上被分配，因此可以不必向 ISP 或注册中心申请而在公司或企业内部自由使用。

通常，一个局域网由于申请不到足够多的公有 IP 地址，或者只是为了编址方便，在局域网内部采用私有 IP 地址为设备编址，当设备访问外网时，再通过 NAT 将私有地址翻译为公有地址，如图 3-33 所示，私有 IP 地址 192.168.1.2 通过 NAT 网关后将 IP 地址转换为公有 IP 地址 203.51.23.55，从而可以连接到 Internet。当通过 Internet 向私有地址发送数据时，则需要在 NAT 网关处将 IP 地址转换为私有 IP 地址，从而顺利地将数据发送到目的地。

NAT 技术并非为防火墙而设计，其最初设计的目的是为了实现私有网络访问公共网络的功能，后扩展到实现任意两个网络间进行访问时的地址转换应用。NAT 技术的显著优点是节约了合法公网 IP 地址，除此之外，NAT 还具有内部主机地址隐藏、网络负载均衡以及网络地址交叠等功能。

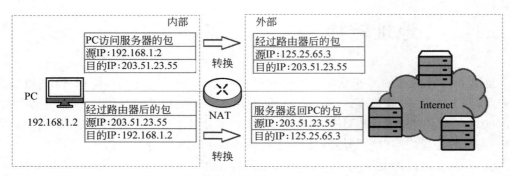

图 3-33　NAT 转换示意图

NAT 有一对一、一对多、多对多及 NAPT 等多种机制,不管采用何种机制,都是由源 NAT(Source NAT,SNAT)及目的 NAT(Destination NAT,DNAT)组成。源 NAT 改变第一个数据包的来源地址,它永远会在数据包发送到网络之前完成,目的 NAT 刚好与 SNAT 相反,它是改变第一个数据的目的地址。

NAT 的基本工作原理是,当私有网主机和公共网主机通信的 IP 包经过 NAT 网关时,将 IP 包中的源 IP 或目的 IP 在私有 IP 和 NAT 的公共 IP 之间进行转换。

如图 3-34 所示,NAT 网关有两个网络端口:公共网络端口的 IP 地址是统一分配的公共 IP 地址,为 202.20.65.5;私有网络端口的 IP 地址是保留地址,为 192.168.1.1。私有网域中的主机 192.168.1.2 向公共网络中的主机 202.20.65.4 发送了 1 个 IP 包(Dst＝202.20.65.4,Src＝192.168.1.2)。

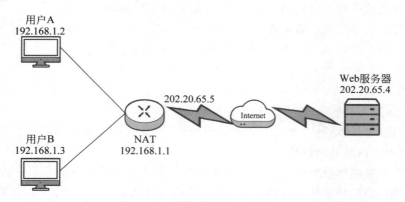

图 3-34　NAT 的基本工作原理

当 IP 包经过 NAT 网关时,NAT 网会将 IP 包的源 IP 转换为 NAT 网的公共 IP 并转发到公共网络,此时 IP 包(Dst＝202.20.65.4,Src＝202.20.65.5)中已经不含任何私有网络 IP 的信息。由于 IP 包的源 IP 已经被转换成 NAT 网关的公共 IP,Web 服务器发出的响应 IP 包(Dst＝202.20.65.5,Src＝202.20.65.4)将被发送到 NAT 网关。

这时,NAT 网关会将 IP 包的目的 IP 地址转换成私有网中主机的 IP 地址,然后将 IP 包(Des＝192.168.1.2,Src＝202.20.65.4)转发到私有网。对于通信双方而言,这种地址的转换过程是完全透明的。地址转换示意如图 3-35 所示。

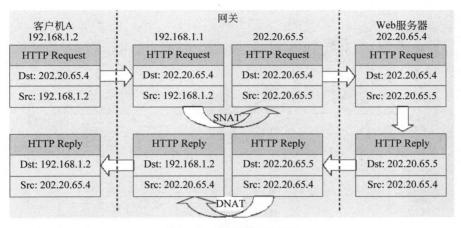

图 3-35　地址转换示意图

　　如果内网主机发出的请求包未经过 NAT，那么当 Web 服务器收到请求包时，回复的响应包中的目的地址就是私网 IP 地址，在 Internet 上无法正确送达，导致连接失败。

　　NAT 技术根据实现方法的不同通常可以分为两种：静态 NAT 技术和动态 NAT技术。

　　在介绍这几种 NAT 技术前，需要介绍地址池的概念。地址池是由一些外部公网地址组合而成的，在内部网络的数据包通过地址转换达到外部网络时，将会选择地址池中的某个地址作为转换后的源地址，这样可以有效利用用户的外部地址，提高内部网络访问外部网络的能力。

3.7.1　静态 NAT 技术

　　静态转换是指将内部网络的私有 IP 地址转换为公网 IP 地址，IP 地址对是一对一的，是一成不变的，某个私有 IP 地址只转换为某个公网 IP 地址。借助于静态转换，可以实现外部网络对内部网络中某些特定设备（如服务器）的访问。每个连续的连接通过静态NAT 都可以拥有一个固定的转换规则，由于映射的地址不变，所以目的网络的用户可以向被转换主机发起连接。

　　以图 3-36 所示的网络结构为例，静态 NAT 过程描述如下：

　　（1）在防火墙建立静态 NAT 映射表，在内网地址和公网地址间建立一对一映射。假设 NAT 映射表中内网 IP 地址 10.1.1.1 与公网 IP 地址 202.119.102.3 相对应。

　　（2）网络内部主机 10.1.1.1 建立一条到外部主机 177.20.7.3 的会话连接。内部主机发送数据包到外部主机。

　　（3）防火墙从内部网络接收到一个数据包时检查 NAT 映射表。若已为该地址配置静态地址转换，防火墙使用公网 IP 地址 202.119.0.2 代替内网地址 10.1.1.1，并转发该数据包；否则，防火墙不对内网地址进行操作，直接将数据包丢弃或转发。

　　（4）外部主机 177.20.7.3 收到来自 202.119.0.2 的数据包（经过 NAT 转换）后进行应答。

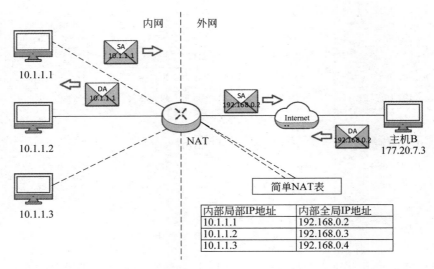

图 3-36 静态 NAT 原理

（5）当防火墙收到来自外部网络的数据包时，检查 NAT 映射表：若存在匹配项，则使用内部地址 10.1.1.1 替换数据包的目的 IP 地址，并将数据包转发给内部网络主机；若不存在匹配项，则拒绝数据包。

对于每个数据包，防火墙都会执行（2）～（5）步的操作。

3.7.2 动态 NAT 技术

利用动态转换技术可以将一个内网 IP 地址动态映射为公网 IP 地址池中的一个 IP 地址。映射的公网 IP 地址是随机的，所有被授权访问 Internet 的私有 IP 地址都可随机转换为任何指定的公网 IP 地址。动态 NAT 与静态 NAT 不同，不需要进行一对一的映射，动态 NAT 的映射表对网络管理员和用户是透明的。动态 NAT 原理如图 3-37 所示。

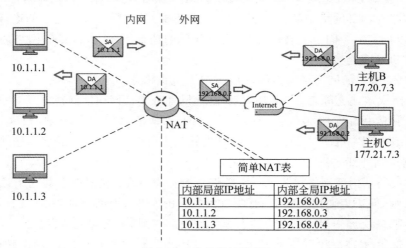

图 3-37 动态 NAT 原理

3.7.3　端口地址转换技术

端口地址转换(Port Address Translation,PAT)技术利用 TCP/UDP 协议的端口号进行地址转换。PAT 采用了"地址＋端口"的映射方式,因此可以使内部局域网的许多主机共享一个 IP 地址访问 Internet。在私有网络地址和外部网络地址之间建立多对一映射。不同的内网地址,转换时采用相同的公网地址,并依靠不同的端口号来区分每一个内网主机。当多个不同的内部地址映射到同一个公网地址时,可以使用不同的端口号进行区分,这种技术称为复用。这种方法节省了大量的网络 IP 地址,同时也隐藏了内部网络拓扑结构。

PAT 实现内部网络主机的 IP 地址＋端口与内部全局地址池中的 IP 地址＋端口号进行的 NAT 转换,大大扩充了可进行 NAT 转换的内部网络主机数量。

如图 3-38 所示,端口地址转换过程描述如下:

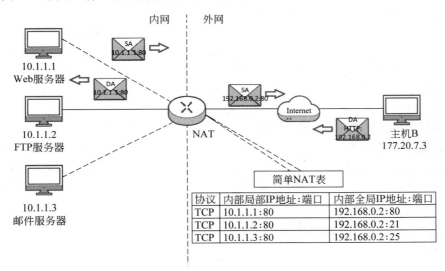

图 3-38　端口地址转换过程

(1)网络内部主机 10.1.1.1 建立到外部主机 177.20.7.3 的会话连接。

(2)防火墙收到来自内部主机的数据包时检查 NAT 映射表。若该地址有对应的地址映射转换项,防火墙就对该地址进行转换。例如,当防火墙收到来自 10.1.1.1 的第一个数据包时,建立 10.1.1.1:80 与 199.168.0.2:80 的映射,并记录会话状态。若该地址已存在对应的映射转换项,防火墙使用该记录进行地址转换,并记录会话状态。

(3)防火墙进行地址转换后转发数据包。

(4)外部主机收到访问信息后进行应答。

(5)当防火墙收到来自外部网络的数据包,检查 NAT 映射表查询匹配项。若存在,则转发数据包;若不存在,则拒绝数据包。

对于每个数据包,防火墙都会执行(2)~(5)步的操作。

3.8 混合模式

防火墙混合模式是指防火墙既存在路由模式的接口也存在透明模式的接口。其中,路由模式的接口具有 IP 地址,数据报文通过三层转发;透明模式的接口没有 IP 地址,数据报文通过二层转发。混合模式主要是为了满足用户特定的组网需求,如图 3-39 所示。

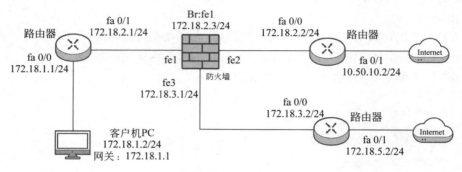

图 3-39　防火墙混合模式

图 3-39 中,防火墙的 fe1 和 fe2 是一组桥接口,其上下游路由器属于同一子网,此时防火墙工作在透明模式;同时还可在该桥上配置三层桥接口,并设置 IP 地址,在与 fe3 所连接的外部区域实现三层转发,其中 fe3 是三层路由口,此时防火墙工作在路由模式。

3.9 旁路模式

防火墙工作在旁路模式时,该接口将只接收数据,不发送数据。从旁路模式接口接收到的数据也不会经过防火墙进行转发。而旁路模式下的接口也不能再用于管理防火墙。旁路模式主要用于旁路监听用户网络中的数据时使用,因此通常情况下,与旁路模式接口对联的对端接口为镜像口,用户将网络中需要监听的数据通过镜像口导入到工作在旁路模式的防火墙接口中,防火墙会对数据进行安全检查,如图 3-40 所示。当防火墙从旁路模式接口中监听到威胁时,会对异常会话发送重置操作,但该操作需要防火墙上其他未工作在旁路模式的物理接口与用户的网络可达。

当下一代防火墙以旁路模式部署在网络中时,它与交换机镜像端口相连,实施简单,完全不影响原有的网络结构,降低了网络单点故障的发生率。此时下一代防火墙获得的是链路中数据的副本,主要用于监听、检测局域网中的数据流及用户或服务器的网络行为,以及实现对用户或服务器的 TCP 行为的管控。

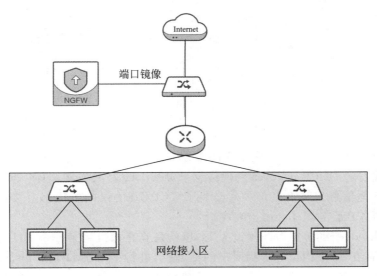

图 3-40　下一代防火墙旁路模式部署

3.10　DHCP 服务

　　动态主机配置协议(Dynamic Host Configuration Protocol,DHCP)是一个局域网的网络协议。指的是由服务器控制一段 IP 地址,客户机登录服务器时就可以自动获得服务器分配的 IP 地址和子网掩码。

　　DHCP 是由 IETF 开发设计的,于 1993 年 10 月成为标准协议,其前身是引导程序协议(Bootstrap Protocol,BOOTP)。DHCP 通常用于局域网环境,主要作用是集中管理和分配 IP 地址,计算机终端能动态地获取 IP 地址、网关地址和 DNS 服务器地址等信息,并能够提升地址的使用率。

　　DHCP 服务器的主要作用是为网络客户机分配动态 IP 地址。这些被分配的 IP 地址都是 DHCP 服务器预先保留的一个包含多个地址的地址集。当网络客户机请求临时的 IP 地址时,DHCP 服务器便会查看地址数据库,为客户机分配一个没有被使用的 IP 地址。

　　DHCP 服务器提供 3 种 IP 分配方式:

- 自动分配。当 DHCP 客户端第一次成功地从 DHCP 服务器端获得一个 IP 地址之后,就永远使用这个地址。
- 动态分配。当 DHCP 客户端第一次从 DHCP 服务器获得 IP 地址后,并非永久地使用该地址,每次使用完后,DHCP 客户端就必须释放这个 IP 地址,以给其他客户端使用。
- 手动分配。由 DHCP 服务器管理员专门为客户端指定 IP 地址。

DHCP 服务器工作过程如图 3-41 所示,可以分为以下几个步骤:

图 3-41   DHCP 服务器工作过程

（1）寻找 DHCP 服务器。

当 DHCP 客户端第一次登录网络的时候，计算机发现本机上没有任何 IP 地址设定，将以广播方式发送 DHCP discover 发现信息来寻找 DHCP 服务器，即向 255.255.255.255 发送特定的广播信息。网络上每一台安装了 TCP/IP 协议的主机都会接收这个广播信息，但只有 DHCP 服务器才会做出响应。

DHCP discover 的等待时间预设为 1s，也就是当客户机将第一个 DHCP discover 封包送出去之后，在 1s 之内没有得到回应的话，就会进行第二次 DHCP discover 广播。若一直没有得到回应，客户机会将这一广播包重新发送 4 次。如果都没有得到 DHCP Server 的回应，客户机会从 169.254.0.0/16 这个自动保留的私有 IP 地址中选用一个 IP 地址。同时，客户机每隔 5 分钟重新广播一次，如果收到某个服务器的响应，则继续 IP 租用过程。

（2）提供 IP 地址租用。

当 DHCP 服务器监听到客户机发出的 DHCP discover 广播后，它会从那些还没有租出去的地址中选择最前面的空置 IP，连同其他 TCP/IP 设定，响应给客户机一个 DHCP OFFER 数据包。此时还是使用广播进行通信，源 IP 地址为 DHCP 服务器的 IP 地址，目的地址为 255.255.255.255。同时，DHCP 服务器为此客户机保留它提供的 IP 地址，从而不会为其他 DHCP 客户机分配此 IP 地址。

由于客户机在开始的时候还没有 IP 地址，所以在其 DHCP discover 封包内会带有其 MAC 地址信息，并且有一个 XID 编号来辨别该封包，DHCP 服务器响应的 DHCP OFFER 封包则会根据这些资料传递给要求租约的客户。

（3）接受 IP 租约。

如果客户机收到网络上多台 DHCP 服务器的响应，只会挑选其中一个 DHCP OFFER，并且会向网络发送一个 DHCP REQUEST 广播数据包，告诉所有 DHCP 服务器它将接受哪一台服务器提供的 IP 地址，所有其他的 DHCP 服务器撤销它们的提供，以便将 IP 地址提供给下一次 IP 租用请求。此时，由于还没有得到 DHCP 服务器的最后确认，客户端仍然使用 0.0.0.0 为源 IP 地址，255.255.255.255 为目的地址进行广播。

事实上，并不是所有 DHCP 客户机都会无条件接受 DHCP 服务器的 OFFER，特别是如果这些主机上安装了其他 TCP/IP 相关的客户机软件。客户机也可以用 DHCP REQUEST 向服务器提出 DHCP 选择，这些选择会以不同的号码填写在 DHCP Option Field 里面。客户机可以保留自己的一些 TCP/IP 设定。

（4）租约确认。

当 DHCP 服务器接收到客户机的 DHCP REQUEST 之后，会以广播返回给客户机一个 DHCP ACK 消息包,表明已经接受客户机的选择,并将这一 IP 地址的合法租用以及配置信息都放入该广播包发给客户机。

客户机在接收到 DHCP ACK 广播后,会向网络发送 3 个针对此 IP 地址的 ARP 解析请求以执行冲突检测,查询网络上有没有其他主机使用该 IP 地址。如果发现该 IP 地址已经被使用,客户机会发出一个 DHCP DECLINE 数据包给 DHCP 服务器,拒绝此 IP 地址租约,并重新发送 DHCP discover 信息。此时,DHCP 服务器管理控制台会显示此 IP 地址为 BAD_ADDRESS。

如果网络上没有其他主机使用此 IP 地址,则客户机的 TCP/IP 使用租约中提供的 IP 地址完成初始化,从而可以和其他网络中的主机进行通信。

3.11 DNS 透明代理

代理服务技术是在互联网早期就已经使用的技术。一般实现代理技术的方式就是在服务器上安装代理服务软件,让其成为一个代理服务器。常用的代理技术分为正向代理、反向代理和透明代理。

透明代理是指客户端不需要知道有代理服务器的存在,它改变用户的报文,并会传送真实 IP 地址。加密的透明代理则属于匿名代理,意味着不用设置代理。透明代理如图 3-42 所示。

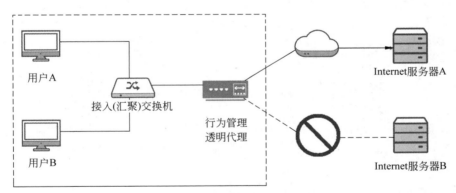

图 3-42　透明代理

用户 A 和用户 B 并不知道行为管理设备充当透明代理行为,当用户 A 或用户 B 向服务器 A 或服务器 B 提交请求的时候,透明代理设备根据自身策略拦截并修改用户 A 或 B 的报文,然后作为实际的请求方,向服务器 A 或 B 发送请求。当接收返回消息时,透明代理再根据自身的设置把允许的报文发回至用户 A 或 B,如果透明代理设置为不允许访问服务器 B,那么用户 A 或者用户 B 就不会得到服务器 B 的数据。

透明代理可以比包过滤更深层次地检查数据信息。同时它也是一个非常快的代理,从物理上分离了连接,可以提供更复杂的协议需要,这样的通信是包过滤无法完成的。

防火墙使用透明代理技术,这些代理服务对用户也是透明的,用户意识不到防火墙的存在,便可完成内外网络的通信。当内部用户需要使用透明代理访问外部资源时,用户不需要进行设置,代理服务器会建立透明的通道,让用户直接与外界通信,这样极大地方便了用户使用。

代理服务器可以做到内外地址的转换,屏蔽内部网络细节,使非法分子无法探知内部结构。代理服务器提供特殊的筛选命令,可以禁止用户使用容易造成攻击的不安全的命令,从根本上抵御攻击。

防火墙使用透明代理技术,还可以使防火墙的服务端口无法探测到,也就无法对防火墙进行攻击,大大提高了防火墙的安全性与抗攻击性。透明代理避免了设置或使用中可能出现的错误,降低了防火墙使用时固有的安全风险和出错概率,方便用户使用。

DNS 透明代理技术除了能够提高多链路带宽利用率外,更重要的是能够减少恶意修改 DNS 给终端用户带来的安全风险。

DNS 透明代理技术主要是在内网用户访问外网资源的时候对 DNS 解析的过程进行优化,内网用户的所有 DNS 请求都会通过防火墙进行转发,防火墙会同时对两条链路发起 DNS 请求,然后根据事先设定的负载策略,为用户返回相应的 DNS 请求结果,实现对链路带宽资源的合理利用。

如图 3-43 所示,企业分别从 ISP1 和 ISP2 租用了一条链路,ISP1 链路的带宽为 100Mb/s,ISP2 链路的带宽为 50Mb/s。ISP1 的 DNS 服务器地址为 8.8.8.8 和 8.8.8.9,ISP2 的 DNS 服务器地址为 9.9.9.8 和 9.9.9.9。内网用户客户端的 DNS 服务器地址均设置为 10.2.0.70。企业希望内网用户的上网流量按照 2∶1 的比例分配到 ISP1 和 ISP2 链路上,保证各条链路得到充分利用且不会发生拥塞,提升内网用户的上网体验。

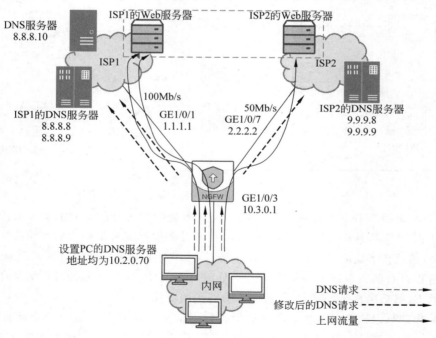

图 3-43　DNS 透明代理

通过在下一代防火墙上配置 DNS 透明代理功能,可以使内网用户的 DNS 请求报文按照 2∶1 的比例分配到 ISP1 与 ISP2 的 DNS 服务器上,这样内网用户的上网流量也会按照 2∶1 的比例分配到 ISP1 和 ISP2 链路上。利用 DNS 透明代理功能处理 DNS 请求报文时,使用出接口上绑定的 DNS 服务器地址替换报文的目的地址,出接口需要利用智能选路功能选择。

奇安信新一代智慧防火墙系统智能 DNS 功能可以判断用户来自内网还是来自中国电信、中国联通等运营商,并以此为依据返回最优的 IP 地址,实现通过域名访问服务器时,内网用户解析到服务器内网 IP 地址访问服务,中国电信用户解析到中国电信公网 IP 地址访问服务,中国联通用户解析到中国联通公网 IP 地址访问服务。

3.12　代理 ARP

地址解析协议(Address Resolution Protocol,ARP)是根据 IP 地址获取物理地址的一个 TCP/IP 协议。主机发送信息时将包含目的 IP 地址的 ARP 请求广播给网络上的所有主机,并接收返回消息,以此确定目标的物理地址;收到返回消息后,将该 IP 地址和物理地址存入本机 ARP 缓存中并保留一定时间,下次请求时直接查询 ARP 缓存以节约资源。地址解析协议建立在网络中各个主机互相信任的基础上,网络上的主机可以自主发送 ARP 应答消息,其他主机收到应答报文时不检测该报文的真实性,就将其记入本机 ARP 缓存。ARP 命令可用于查询本机 ARP 缓存中 IP 地址和 MAC 地址的对应关系,添加或删除静态对应关系等。相关协议有 RARP、代理 ARP。ARP 工作原理如图 3-44 所示。

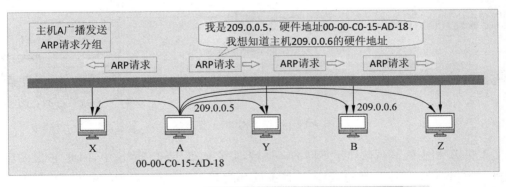

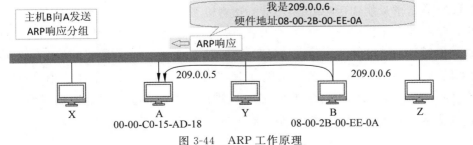

图 3-44　ARP 工作原理

代理 ARP 是 ARP 协议的一个变种。没有配置默认网关的计算机要和其他网络中的计算机实现通信时,网关收到源计算机的 ARP 请求,会使用自己的 MAC 地址与目标计算机的 IP 地址对源计算机进行应答。代理 ARP 就是使用一个主机的 MAC 地址对另一个主机的 ARP 进行应答。它能在不影响路由表的情况下添加一个新的路由器,使得子网对该主机来说变得更透明化。但代理 ARP 也会带来巨大的风险,除了 ARP 欺骗和某个网段内的 ARP 增加以外,最重要的就是无法对网络拓扑进行网络概括。代理 ARP 一般使用在没有配置默认网关和路由策略的网络上。代理 ARP 的工作过程如图 3-45 所示。

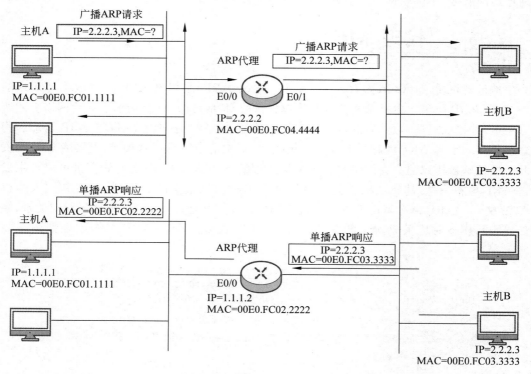

图 3-45 代理 ARP 的工作过程

主机 A 和主机 B 虽然属于不同的广播域,但它们处于同一网段中,因此主机 A 会向主机 B 发出 ARP 请求广播包,请求获得主机 B 的 MAC 地址。由于路由器不会转发广播包,因此 ARP 请求只能到达路由器,不能到达主机 B。

当在路由器上启用 ARP 代理后,路由器会查看 ARP 请求,发现 IP 地址 172.16.20.100 属于它连接的另一个网络,因此路由器用自己的接口 MAC 地址代替主机 B 的 MAC 地址,向主机 A 发送一个 ARP 应答。主机 A 收到 ARP 应答后,会认为主机 B 的 MAC 地址就是 00-00-0c-94-36-ab,不会感知到 ARP 代理的存在。在接下来的数据通信中,主机 A 先将数据通过单播发给路由器,由路由器再单播转发给主机 B。

虚拟私有网络(Virtual Private Network,VPN)是指在公用网络上建立一个私有的、专用的虚拟通信网络。VPN 在企业网络中有广泛应用。VPN 网关通过对数据包的加密和数据包目标地址的转换实现远程访问。VPN 有多种分类方式,按照 VPN 技术实现的网络层次,可以进行如下分类:

- 基于数据链路层的 VPN:L2TP VPN、L2F VPN、PPTP VPN。
- 基于网络层的 VPN:GRE VPN、IPSec VPN。
- 基于应用层的 VPN:SSL VPN。

在奇安信新一代智慧防火墙中,防火墙系统支持多种形式建立 VPN 隧道,覆盖网关到网关和客户端到网关。用户可以选择通过 PPTP/L2TP/GRE/IPSec/SSL 协议建立 VPN,并支持 L2TP/GRE over IPSec。下面介绍 IPSec VPN 和 SSL VPN 技术。

3.13.1　IPSec VPN

IPSec VPN 是一种三层隧道协议。三层隧道协议是把各种网络协议直接装入隧道协议中,形成的数据包依靠第三层协议进行传输。同时 IPSec VPN 还提供安全协议选择、安全算法、确定服务所使用的密钥等服务,从而在 IP 层提供安全保障。IPSec VPN 如图 3-46 所示。

图 3-46　IPSec VPN 示意图

IPSec 是一个框架性架构,具体由两类协议组成:

(1) AH(Authentication Header)协议。可以同时提供数据完整性确认、数据来源确认、防重放等安全特性。AH 常用摘要算法(单向 Hash 函数)MD5 和 SHA1 实现该特性。

(2) ESP(Encapsulated Security Payload)协议。可以同时提供数据完整性确认、数据加密、防重放等安全特性。ESP 通常使用 DES、3DES、AES 等加密算法实现数据加密,使用 MD5 或 SHA1 实现数据完整性。

隧道技术是 VPN 的基本技术,类似于点到点连接技术。它的基本过程是:在数据进入源 VPN 网关后,将数据"封装",然后通过公网传输到目的 VPN 网关,再对数据"解封装"。"封装/解封装"过程本身就可以为原始报文提供安全防护功能。IPSec 有如下两种封装模式:

(1) 隧道(Tunnel)模式。用户的整个 IP 数据包被用来计算 AH 或 ESP 头,AH 或

ESP 头以及 ESP 加密的用户数据被封装在一个新的 IP 数据包中。通常隧道模式应用于两个安全网关之间的通信。

（2）传输（Transport）模式。只用传输层数据计算 AH 或 ESP 头，AH 或 ESP 头以及 ESP 加密的用户数据被放置在原 IP 包头后面。通常，传输模式应用于两台主机之间的通信，或一台主机和一个安全网关之间的通信。

安全联盟（Security Association，SA）是指 IPSec 中通信双方建立的连接。顾名思义，通信双方结成盟友，使用相同的封装模式、加密算法、加密密钥、验证算法、验证密钥。SA 由一个三元组来唯一标识，这个三元组包括安全参数索引（Security Parameter Index，SPI）、目的 IP 地址、安全协议号（AH 或 ESP）。

安全联盟是单向的逻辑连接，为了使每个方向都得到保护，源 VPN 网关和目的 VPN 网关的每个方向上都要建立安全联盟。同时，如果通信双方希望同时使用 AH 和 ESP 来进行安全通信，则每个对等体都会针对每一种协议构建一个独立的 SA。

建立 SA 的方式有手工配置和 IKE 自动协商两种。手工配置是人为设定封装模式、加密算法、加密密钥、验证算法、验证密钥。手工方式的 IPSec VPN 解决了通信双方秘密通信的问题，但由于 VPN 节点数量在不断增加，并且手工方式下防火墙的加密和验证所使用的密钥都是手工配置的，为了保证 IPSec VPN 的长期安全，需要经常修改这些密钥。VPN 节点数量越多，密钥的配置和修改工作量就越大。为了降低 IPSec VPN 的管理工作量，可以使用互联网密钥交换（Internet Key Exchange，IKE）协议解决这个问题。IKE 综合了三大协议：ISAKMP（Internet Security Association and Key Management Protocol）、Oakley 协议和 SKEME 协议。ISAKMP 主要定义了 IKE 伙伴（IKE peer）之间合作关系的建立过程。Oakley 协议和 SKEME 协议的核心是 DH（Diffie-Hellman）算法，主要用于在 Internet 上安全地分发密钥、验证身份，以保证数据传输的安全性。

基于以上技术，IPSec VPN 提供了 3 种安全机制：认证、加密和数据完整性。

（1）认证。使 IP 通信的数据接收方能够确认数据发送方的真实身份以及数据在传输过程中是否遭篡改。

（2）加密。通过对数据进行加密运算来保证数据的机密性，以防数据在传输过程中被窃听。

（3）数据完整性。使 IP 通信的数据接收方能够确认数据在传输过程中是否遭篡改。

3.13.2　SSL VPN

虽然 IPSec VPN 具有较高的安全性，但是也存在一些缺点，例如，组网不灵活，需要安装客户端软件，导致在部署和维护时操作比较麻烦，管理员无法确知是谁在利用 VPN 访问内网资源等问题。而 SSL VPN 是一种新型的轻量级远程接入方案，可以有效地解决 IPSec VPN 的上述问题，在实际远程接入方案中应用非常广泛。

SSL VPN 技术的工作过程是：远程接入用户利用标准 Web 浏览器内嵌的安全套接层（Security Socket Layer，SSL）封包处理功能连接企业内部的 SSL VPN 服务器，SSL VPN 服务器可以将报文转发给特定的内部服务器，从而使得远程接入用户在通过验证后可访问企业内部的服务器资源。其中，远程接入用户与 SSL VPN 服务器之间采用标准的 SSL 协议对传输的数据包进行加密,这相当于在远程接入用户与 SSL VPN 服务器之间建立隧道。

SSL VPN 工作在传输层和应用层之间,不会改变 IP 报文头和 TCP 报文头,不会影响原有网络拓扑。如果网络中部署了防火墙,只需放行传统的 HTTPS(443)端口。SSL VPN 基于 B/S 架构,无须安装客户端,只需要使用普通的浏览器进行访问,方便易用。相对于 IPSec 网络层的控制,SSL VPN 的所有访问控制都基于应用层,其细分程度可以达到 URL 或文件级别,可以大大提高企业远程接入的安全性。

SSL 是一种在客户端和服务器之间建立安全通道的协议,是 Netscape 公司提出的基于 Web 应用的安全协议,它为基于 TCP/IP 连接的应用程序协议(如 HTTP、Telnet 和 FTP 等)提供数据加密、服务器认证、消息完整性以及可选的客户端认证。SSL 协议具备如下特点:

(1) 所有数据信息都是加密传输的,第三方无法获取。

(2) 具有校验机制,信息一旦被篡改,通信双方就会立刻发现。

(3) 配备身份证书,防止身份被冒充。

为了保证 SSL VPN 接入用户的合法性,提升系统安全性,SSL VPN 服务器往往支持多种认证方式,上文一直在以配置并存储在防火墙上的用户名/密码为例,这是最基本、最简单的认证方式。奇安信新一代智慧防火墙支持以下认证方式:

(1) 用户名/密码的本地认证。将用户名和密码在防火墙上配置并存储,用户输入与之匹配的用户名和密码即可成功登录。

(2) 用户名/密码的服务器认证。将用户名和密码存储在专门的认证服务器上,用户输入用户名和密码后,防火墙将其转至认证服务器进行认证。当前支持的认证服务器类型包括 RADIUS、AD、LDAP。

(3) 证书匿名认证。用户的客户端配备客户端证书,防火墙通过验证客户端的证书来认证用户身份。

3.14　QoS

在传统的 IP 网络中,所有的报文都被无差别地同等对待,每个路由器对所有的报文均采用先入先出(First In First Out,FIFO)的策略进行处理,它尽最大的努力(best-effort)将报文送到目的地,但对报文传送的丢包率、时延、抖动等性能不提供任何保证。

随着 IP 网络上新应用的不断出现,对 IP 网络的服务质量也提出了新的要求。为了支持具有不同服务需求的语音、视频以及数据等业务,要求网络能够区分出不同的业务类型,进而为之提供相应的服务质量(Quality of Service,QoS)。

QoS 是指 IP 网络的一种能力,即在跨越多种底层网络技术(MP、FR、ATM、Ethernet、SDH、MPLS 等)的 IP 网络上,满足其在丢包率、延迟、抖动和带宽等方面的要求,为特定的业务提供其所需要的服务。更简单地说,QoS 针对各种不同需求,提供不同服务质量的网络服务。

网络带宽用于衡量网络的吞吐能力,单位为 b/s。它的最大值为数据转发路径上最小链路的带宽值,如图 3-47 所示。如果网络上存在多个数据流,它们将互相竞争带宽。网络带宽取决于物理链路的速率,通过 QoS 技术可以提高网络带宽的利用效率。

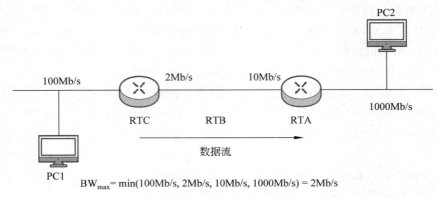

$$BW_{max} = min(100Mb/s, 2Mb/s, 10Mb/s, 1000Mb/s) = 2Mb/s$$

图 3-47　带宽大小示意图

为了保证服务质量(最小时延、最大带宽等),QoS 首先需要进行流分类,即采用一定规则识别和区分不同特征的报文,然后根据网络的状况对流量进行不同的处理,具体的处理形式包括流量监管、流量整形、拥塞管理及拥塞避免等。

QoS 需要路由器能够根据事先规定的规则对报文头的某些字段进行分类识别,判断其对应的流量规范,然后设置不同优先级,以便实现不同的转发处理,这就是流分类和标记。

QoS 策略可以检测或主动限制进入某一网络的某一连接的流量,当某个连接的流量过大以至超过约定带宽时,就可以根据报文的类别采取不同的方式进行处理,如丢弃或进行缓存等。

当网络拥塞时,QoS 通过队列调度机制对不同优先级的报文进行数据的重新排序,保证不同优先级的报文得到不同的 QoS 待遇。将不同优先级的报文加入不同的队列,不同队列将得到不同的调度优先级、概率或带宽保证,如图 3-48 所示。

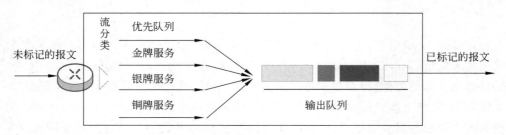

图 3-48　队列调度示意图

动态带宽分配(Dynamically Bandwidth Assignment,DBA),动态带宽分配是一种能在微秒或毫秒级的时间间隔内完成对上行带宽的动态分配的机制。通过采用 DBA,可以提高 PON(Passive Optical Network,无源光网络)端口的上行线路带宽利用率,可以在 PON 端口上增加更多的用户,用户可以享受到更高带宽的服务,特别是那些带宽占用量波动比较大的业务,可以获得更高的带宽利用率。防火墙采用 DBA 来提高系统上行带宽利用率,保证业务公平性和 QoS,能根据队列状态信息分配带宽授权。基于 QoS 的 DBA 具有多种算法:

(1) 具有绝对 QoS 保证的 DBA 算法将上行带宽分成相等的带宽单元,然后进行轮询。

(2) 具有相对 QoS 保证的 DBA 算法在 ONU(Optical Network Unit,光网络单元)层根据优先级来分配带宽。

(3) 基于 QoS 的 DBA 算法在 PON 层将数据包分为 3 个等级,加入不同的队列中等待调度。

下一代防火墙用户进行带宽管理时,优先级可选高、中、低 3 级。在能够满足所有用户带宽需求的情况下,高优先级用户将抢占中、低优先级用户的带宽,中优先级用户将抢占低优先级用户的带宽。当网络中存在空闲带宽时,防火墙系统会根据当前网络带宽分配情况,自动将空闲带宽分配给重要业务,保证重要业务的正常访问。

在下一代防火墙上部署带宽管理,可以帮助网络管理员合理分配带宽资源,从而提升网络运营质量。

思　考　题

(1) 什么是安全域?简述防火墙上通常预定义的 3 个安全域。

(2) IPv4 向 IPv6 过渡有哪几种方法?简述其实现原理。

(3) 什么是 VLAN 技术?VLAN 技术有几种组网方式?原理是什么?

(4) 简述划分 VLAN 的原因及优点。

(5) 路由分为哪几种类型?

(6) 动态路由支持哪几种动态路由协议?简述这几种路由协议的原理。

(7) 简述防火墙二层透明网桥模式与三层路由模式的优缺点。

(8) 简述静态 NAT 与动态 NAT 过程。

(9) 简述 DHCP 服务器工作流程。

(10) 什么是 DNS 透明代理技术?

(11) 简述 SSL VPN 协议分装模式和机制。

第 4 章

防火墙安全功能应用

本章重点介绍防火墙安全功能的应用,包括:防火墙安全域的基础防护;防火墙为保障边界安全所使用的访问控制、攻击防御、入侵防御、病毒防御和安全认证等技术;奇安信新一代智慧防火墙提出的 SSL 解密、云管端协同联动、基于网络的检测与处置以及集中管理等新技术。

4.1 安全策略概述

4.1.1 基本概念

防火墙的基本作用是保护网络免遭不受信任网络的攻击,但同时还必须允许两个网络之间的合法通信。安全策略的作用就是对通过防火墙的数据流进行检验,符合安全策略的合法数据流才能通过防火墙。不同的域间方向应使用不同的安全策略进行不同的控制。

安全策略是由匹配条件和动作组成的控制规则,可以基于 IP、端口、协议等属性进行细化的控制。防火墙将流量的属性与安全策略的条件进行匹配。如果所有条件都匹配,则此流量成功匹配安全策略;如果其中有一个条件不匹配,则未匹配安全策略。安全策略如图 4-1 所示。

同一域间或域内应用多条安全策略,策略的优先级按照配置顺序进行排列,越先配置的策略优先级越高,越先匹配报文。如果报文匹配到一条策略就不再继续匹配剩下的策略,如果没有匹配到任何策略就按缺省包过滤处理。所以配置策略要先细粒度后粗粒度。

下一代防火墙对一体化、应用识别与管控、高性能等的要求比传统防火墙更高。安全策略充分体现了这些特质,通过应用、用户、内容、威胁等多个维度的识别将模糊的网络环境映射为实际的业务环境,从而实现精准的访问控制和安全检测。

4.1.2 一体化安全策略

在下一代防火墙上,安全策略是控制流量转发以及对流量进行内容安全检测处理的一体化策略。防火墙系统的安全策略功能是防火墙的核心功能,提供基于状态检测、基于应用层数据识别的动态包过滤技术。通过源安全域、目的安全域、源地址、目的地址、地理位置、用户、服务、应用、时间段等维度对数据进行识别,将用户需要进行过滤及控制的数据流分离,并对相应的数据实现反病毒、漏洞防御、防间谍软件、URL 过滤、文件过滤、内

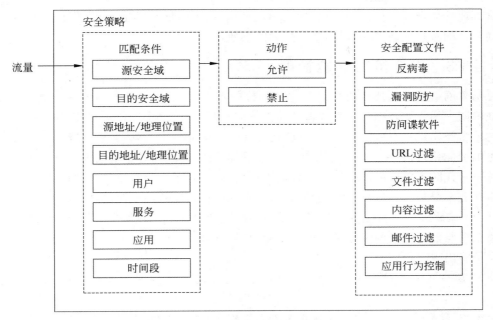

图 4-1　安全策略

容过滤、邮件过滤、应用行为控制的一体化策略配置。

　　这里的一体化主要体现在两个方面:一方面体现在内部处理上,通过智能感知引擎对一个数据流只进行一次检测,多业务并行处理,提高了设备的处理性能;另一方面体现在外部配置上,所有内容安全功能都可以通过在安全策略中引用安全配置文件来实现,降低了网络管理员的配置难度。

　　如图 4-2 所示,一体化安全策略中包含很多匹配条件,通过这些条件可以精确地识别出各类数据流。下一代防火墙支持配置多条安全策略,多条安全策略之间存在优先级关系(即匹配顺序),数据流会按照从上到下的顺序进行匹配。如果数据流匹配一条安全策略,下一代防火墙就会按照该安全策略的动作对数据流进行处理,不会再去匹配下一条安全策略。

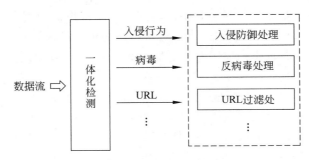

图 4-2　一体化安全策略

　　一体化安全策略将传统五元组访问控制与具有下一代防火墙特征的用户识别、应用识别控制有机地结合起来,对安全策略配置方式进行了高度集成和融合,在一条策略中即可全部或部分选择入侵防御、防病毒、URL 过滤、内容过滤等功能,免去用户以往在多个不同安全配置页面间频繁切换,重复配置的不便。

4.1.3　安全策略智能管理

随着网络信息化技术的发展及网络规模的扩大,网络攻击也变得更加智能和复杂。以往的防火墙需要在充分了解攻击的前提下向特征检测数据库中添加 IPS 特征,才能对新的攻击类型进行有效防御,这种方法已经无法很好地满足企业业务的需求。防火墙需要更加智能化,需要在攻击还未发生时就能感知威胁的存在,并且提前报警。

下一代防火墙创新性地提供了智能策略功能,增强了安全策略的自动化管理能力,利用策略冗余分析、策略命中分析和应用风险调优 3 种功能协同实现安全策略智能管理。

(1)策略冗余分析工具只分析动作相同的安全策略的匹配条件,将高优先级的安全策略依次与低优先级的策略进行遍历比较,如果符合以下两种情况的任意一种,便会认定安全策略出现完全冗余:

- 所有匹配条件完全相同的安全策略,则低优先级的安全策略会被认定为完全冗余。
- 安全策略 A 的所有匹配条件被安全策略 B 完全包含,并且安全策略 A 的优先级低于安全策略 B,则安全策略 A 会被认定为完全冗余。

(2)策略命中分析的依据是流量是否匹配安全策略,因此在进行策略命中分析前,需要下一代防火墙正常运行一段时间,以保证分析结果更全面、准确。

(3)应用风险调优只针对有流量命中且动作为允许的安全策略。它能够识别安全策略中包含的应用类别,将基于服务的安全策略转换为基于应用的安全策略;还可以识别安全策略中包含的应用风险,并对相应的风险进行深度防御,即在安全策略中引用入侵防御、反病毒等安全配置文件。应用风险是下一代防火墙标识应用安全性的一个属性。下一代防火墙为常用应用定义了相应的风险类型,而对于各类风险类型提供了相应的防御措施。如果安全策略中使用了某些应用作为匹配条件,却没有配置相应的防御措施,或者配置的防御措施不全面,则应用风险调优工具会认为该安全策略存在应用风险,需要进一步优化调整。应用风险调优工具对该条安全策略的调优处理包括以下 3 个方面:

- 将所有的应用都作为该安全策略的匹配条件。这里的应用包括原安全策略中已配置的应用,以及下一代防火墙在已命中安全策略的流量中识别出的所有应用。这样就使匹配条件中的应用类型更加真实和全面,也有助于网络管理员了解业务的流量构成。
- 将所有的应用作为深度防御对象,为其配置策略防护动作,即在安全策略中配置内容安全功能。目前应用风险调优工具只支持引用默认存在的安全策略配置文件(Default),如需引用自定义配置文件,网络管理员应手动修改该安全策略。
- 不改变当前策略的配置,生成一条新的安全策略放在原有策略之前,优先级高于原有策略。这样操作能够起到策略备份的作用,如果调优后的安全策略影响业务运行,可以快速恢复原有安全策略。新的安全策略在运行一段时间之后,如果没有问题,再使用策略冗余分析工具去掉原有安全策略。

在部署安全策略时,循环使用策略冗余分析、策略命中分析和应用风险调优 3 种功能,提高安全策略的时效性,持续保护企业内网安全,如图 4-3 所示。

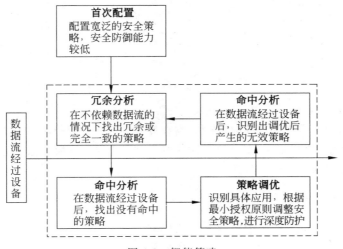

图 4-3 智能策略

因此智能策略功能提供的策略冗余分析、策略命中分析和应用风险调优工具能够有效减少网络管理员人工操作的劳动量,缩短调测时间,降低维护成本。

4.2 访问控制策略

访问控制是明确什么角色的用户能访问什么类型的资源。使用访问控制可以防止用户对计算资源、通信资源或信息资源等进行未授权的访问,是一种针对越权使用资源的防御措施。未授权的访问包括未经授权的使用、泄露、修改、销毁信息以及发布指令等。

在访问控制中存在以下几个概念:

(1) 客体(object)。规定需要保护的资源,又称为目标(target)。

(2) 主体(subject)。是一个主动的实体,规定可以访问该资源的实体(通常指用户或代表用户执行的程序),又称为发起者(initiator)。

(3) 授权(authorization)。规定可对该资源执行的动作,例如读、写、执行或拒绝访问。

访问控制的基本模型如图 4-4 所示。访问是主体对客体实施操作的能力;访问控制是指以某种方式限制或授予主体这种能力;授权是指主体经过系统鉴别后,系统根据主体的访问请求来决定对目标执行动作的权限。

访问控制是在主体身份得到认证后,根据安全策略对主体行为进行限制的机制和手段;是在保障授权用户能获取资源的同时拒绝非授权用户越权访问资源的安全机制。

访问控制是网络安全防范和保护的主要策略,它的主要任务是保证网络资源不被非法使用,它是保证网络安全最重要的核心策略之一。

网络安全采用的技术很多,通过访问控制列表(ACL)对数据包进行过滤,实现访问

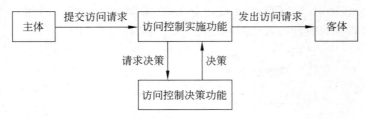

图 4-4　访问控制的基本模型

控制,是实现基本网络安全的手段之一。

ACL 是一种基于包过滤的控制技术,它在路由器、三层交换机中被广泛采用。ACL 对数据包的源地址、目的地址、端口号及协议号等进行检查,并根据数据包是否匹配 ACL 规定的条件来决定是否允许数据包通过。

ACL 有多种类型:

(1) 接口 ACL:是基于接口的 ACL。

(2) 基本 ACL:只根据源 IP 地址进行过滤。

(3) 高级 ACL:根据数据包的源和目的 IP 地址、端口、IP 承载的协议类型、协议特性等三、四层信息进行过滤。

(4) 二层 ACL:根据源和目的 MAC 地址、VLAN 优先级、二层协议类型等二层信息进行过滤。

(5) 用户自定义 ACL:以数据包的头部为基准,指定从第几个字节开始进行“与”运算,将从报文中提取的字符串和用户定义的字符串进行比较,找到匹配报文,以达到过滤的目的。

下一代防火墙拥有细粒度的访问控制,可通过多个维度进行精细化管控。使用下一代防火墙可以看到分散隐藏在应用中的各种潜在威胁,能够全面掌握威胁的构成,并且可以采用访问控制手段进行有效控制,减少网络中的安全威胁,同时将大幅节省用户财力和人力的投入。

在防火墙中配置访问控制策略,可以监测流经设备的每个数据包。默认情况下,设备中没有配置任何访问控制策略,设备将转发接收到的所有合法数据包。如果在某接口配置了访问控制策略,当数据包到达此接口后,它会取出此数据包,对其进行分析,并从策略表的顶端从上至下搜索策略表,查看是否有匹配的策略。如果找到匹配的策略,则执行其定义的动作——转发或丢弃,并且不再继续比较其余的策略;如果与所有的策略都不匹配,出于安全的考虑,设备将丢弃这个数据包。

4.2.1　行为管控

从信息流的方向来看,企业网络中跨安全域的流量无外乎内网访问互联网的流量以及互联网访问内网的流量,而在这两个方向上却蕴藏着大量信息安全的威胁。例如,员工利用企业网络发送涉密信息、在工作时间访问与工作无关的应用、访问含有敏感或不安全内容的网页、发送违法信息等行为,都会给企业带来直接的经济损失、恶劣的社会影响甚至法律风险。

　　单个参量异常并不能构成异常行为。下一代防火墙会将不同参量随时间推移而产生的网络异常关联起来,以确定是否能够构成异常行为,被判定为异常行为后会触发异常行为预警。虽然单个异常行为可能只表明一些随机的攻击企图,基于这些检测的预警可能被认为是误报,但基于一组相关事件的检测就有更高的确定性,可以被认为是潜在的未知威胁。

　　下一代防火墙基于应用层构造安全,利用应用层过滤技术扩展模块实现了关键字过滤功能以及应用层网络协议识别管理,既可以防御网络攻击,又可以实现多层次网络访问控制,从而起到规范用户上网行为的作用。行为管控如图 4-5 所示。

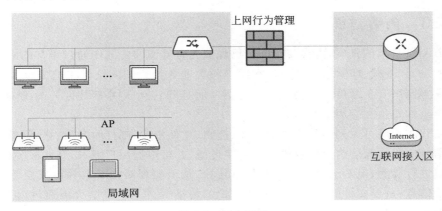

图 4-5　行为管控

　　使用下一代防火墙行为管控功能可以实现以下目标:有效防止非法信息恶意传播,并可实时监控、管理网络资源使用情况,提高整体工作效率;支持对网络异常的监控报警功能;可以对用户访问的网页进行精确分类,并可以根据管理需求对不良网站进行过滤封堵;支持基于网站类别、URL 关键字、文件类型等多种条件的灵活管理,能够对用户访问的网页内容进行阻断、记录以及网页快照保存等管理操作;支持对各种互联网应用协议进行精确识别;对违规、有害的应用进行记录并封堵。

4.2.2　关键字过滤

　　关键字过滤指对网络应用传输的信息进行预先的程序过滤,嗅探指定的关键字词,并进行智能识别,检查网络应用中是否有违反指定策略的行为。类似于 IDS(Intrusion Detection System,入侵检测系统)的过滤管理,关键字过滤机制是主动的,通常对包含关键词的信息进行阻断连接、取消或延后显示、替换、人工干预等处理。

　　传统的防火墙主要是包过滤防火墙,实现的是网络层控制。它截获网络中的数据包,根据协议进行解析,最后利用包头的关键字段和预设的过滤规则做对比,决定是否转发该数据包。随着应用层各种应用的不断丰富,越来越多的应用层协议随之出现,传统防火墙已经无法满足过滤的需求。

　　下一代防火墙的关键字过滤功能是从应用层进行控制的,可以对数据包进行更深层次的检查和过滤。下一代防火墙从以下几方面进行细粒度的关键字过滤:

（1）下一代防火墙是基于数据流的，而不仅是报文识别，可以防止报文分层、分片等躲避方式的干扰，准确识别出需要检查的数据流。

（2）下一代防火墙可以准确识别出真正的文件类型，进而对文件内容进行过滤。

（3）下一代防火墙支持多层解压后的文件类型识别和内容过滤，防止利用压缩方式躲避安全检测。它支持对多种文件类型和协议类型进行内容检查。

（4）下一代防火墙支持对邮件、HTTP、FTP、IM、SNS 等传输的文件和文本内容进行识别过滤，并能准确识别 Word、Excel、PPT、PDF 等企业经常用来存储信息的文件类型。

4.2.3 内容过滤

随着网络技术的发展，内容安全问题已经成为首要威胁。其中通过正常的网站访问、邮件收发、P2P 下载、即时通信、论坛、在线视频等业务给组织网络带来的安全风险、敏感信息外泄等网络安全事件呈急剧上升的态势。而且随着互联网应用的深入，越来越多的网络安全事件发生在应用层和内容层。

下一代防火墙可对网络传输中的网页、搜索、文件传输、邮件收发、论坛、服务器操作、即时通信等应用的深层内容信息进行关键字过滤，并可根据用户需求，对匹配关键字的应用数据包进行检测、阻断、告警、记录和信息还原，从而实现对内容的深度安全管理，避免用户机要信息、重要文件的外泄以及非法言论的传播等。下一代防火墙通过内置及用户自定义的敏感信息特征库，并结合灵活的自定义策略规则，实现信息泄露防御。

下一代防火墙内容过滤是分析应用层的内容，将危险、有害的内容过滤掉。防火墙在应用层执行的过滤对于网络是透明的，它对应用层内容的分析并不影响网络的配置，应用层以下的各个协议层不能察觉它的存在。

内容过滤能够对用户上传和下载的文件内容中包含的关键字进行过滤。这里的文件可以是 Word 文档（DOC 文件）的内容，也可以是用户发帖、发布微博的 HTML 文件内容。

如图 4-6 所示，通过下一代防火墙的内容过滤功能，公司可以对内网用户对外发送的文档或邮件内容进行过滤，阻止内网用户发送包含公司机密信息的文档或邮件；还可以对内网用户发布的微博和帖子内容进行过滤，阻止内网用户发布包含公司机密信息的微博和帖子。另外，通过内容过滤功能，还可以对外网用户从内网服务器下载的文件内容进行过滤，防止黑客窃取包含公司机密信息的文件。

内容过滤还可以降低因员工浏览、发布、传播违规信息而给公司带来的法律风险。具体做法是在内网用户的下载方向及服务器的上传方向过滤掉包含敏感信息等违规内容的文件。另外，内容过滤还能够阻止员工浏览、下载与工作无关的内容，提高工作效率。

4.2.4 文件过滤

下一代防火墙不仅能根据文件类型进行过滤，还能对某些特定文件的内容进行深入过滤，以降低信息泄密的风险。

文件过滤能够识别出通过下一代防火墙的文件的真实类型，并可以根据文件的真实

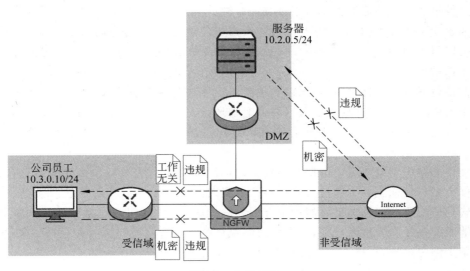

图 4-6 内容过滤

类型对文件进行过滤。文件过滤同时也能够识别出文件的扩展名。当文件的真实类型无法识别时,下一代防火墙还可以根据文件的扩展名对文件进行过滤。如图 4-7 所示,内部员工上传包含机密的文档到外网,或者黑客从内网服务器窃取机密文档,都会导致公司机密或用户信息的泄露。通过文件过滤功能阻止内网用户上传文档和压缩文件到外网,以及阻止外网用户从内网服务器下载文档和压缩文件,可以大大降低机密信息泄露的风险。文件过滤功能还可以降低病毒文件进入公司内部网络的风险。因为病毒常常包含在可执行文件中,且病毒的反检测和渗透防火墙的能力越来越强,所以阻止内网用户从外网下载可执行文件或阻断外网用户上传可执行文件到内网服务器,可以大大降低病毒进入内网的风险。

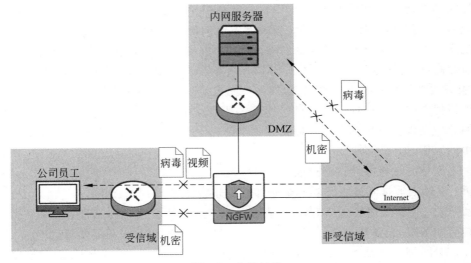

图 4-7 文件过滤

文件过滤功能还能够阻止占用带宽和影响员工工作效率的文件传输。因为公司员工下载大量与工作无关的视频和图片文件,会占用公司网络带宽,降低工作效率。文件过滤功能可以阻止内网用户从外网下载视频、图片和压缩文件,可以保证正常业务的带宽和员工的工作效率。

文件过滤针对文件类型进行过滤,也就是会整体过滤某种类型的文件。然而在实际应用中,整体过滤某种文件虽然可以降低泄密风险,但也会妨碍正常的工作和生活,所以需要配合内容过滤功能,以便更精细地识别和过滤文件的内容。其工作过程如图 4-8 所示。

文件类型识别模块负责根据文件数据识别出文件的真实类型和文件的后缀名,并进行文件类型异常检测。文件过滤模块将已经识别出的文件的应用类型、文件类型、传输方向与管理员配置的文件类型过滤规则查询表进行从上到下的匹配。如果文件的所有参数都能够匹配一条文件过滤规则,那么模块将执行此文件过滤规则的动作;如果未匹配到任何一条文件过滤规则,那么文件过滤模块允许此文件通过。

文件过滤的动作有两种:阻断和告警。如果动作为"阻断",则文件过滤模块会记录日志,并阻断文件的传输,阻断的文件将不会再进行内容过滤检测。如果动作为"告警",则文件过滤模块会记录日志,并允许文件通过。文件过滤允许通过的文件,如果有需要,还会继续进行内容过滤检测。

4.2.5 邮件过滤

电子邮件这一传统的通信方式似乎越来越小众化,但是对于企业来说,邮件仍然是工作中不可或缺的沟通手段,很多企业也都部署了邮件服务器,通过邮件开展业务。企业通过邮件开展业务的同时,也会遇到垃圾邮件,机密信息也可能会通过邮件泄露。所以,为了保证信息安全,企业需要对发送和接收邮件的行为进行管控。

下一代防火墙提供了邮件过滤特性,具有垃圾邮件过滤和邮件内容过滤功能。

垃圾邮件指的是未经用户许可,强行发送到用户邮箱的电子邮件,内容一般是广告等内容,甚至带有病毒程序。大量的垃圾邮件不但消耗网络带宽,占用邮箱空间,还带来了安全隐患。下一代防火墙使用 RBL(Real-time Blackhole List,实时黑名单列表)技术来过滤垃圾邮件,通过获取邮件发送方 SMTP 服务器的 IP 地址,向 RBL 服务器发起查询。RBL 服务器维护着实时黑名单列表,列表中的 SMTP 服务器都发送过垃圾邮件,下一代防火墙根据 RBL 服务器的返回结果判断该 IP 地址是否属于垃圾邮件服务器,进而采取相应的处理动作。垃圾邮件过滤的过程需要下一代防火墙、DNS 服务器和 RBL 服务器三者协同工作,如图 4-9 所示。

一个完整的垃圾邮件过滤过程如下:

(1) 发件人通过邮件服务器向企业邮件服务器发起 SMTP 连接。

(2) 下一代防火墙解析出 SMTP 请求中发送方邮件服务器的 IP 地址,并将此 IP 地址反转后和 RBL 服务器名称一起组合成一个"域名",向 DNS 服务器发起查询。

(3) DNS 服务器从查询报文中读取 RBL 服务器名称,解析出 RBL 服务器的 IP 地址,并将查询请求转发给 RBL 服务器。

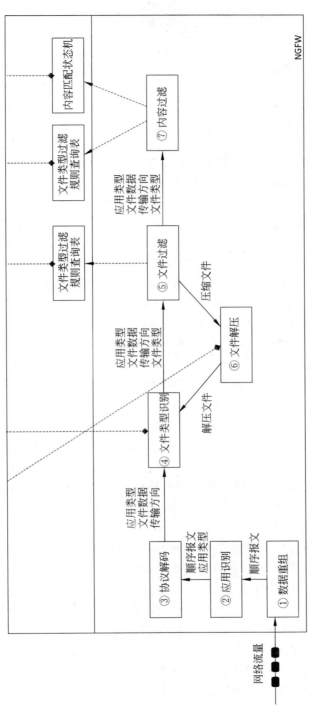

图 4-8 文件过滤工作过程

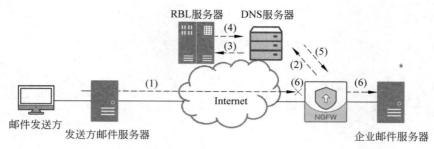

图 4-9 垃圾邮件过滤

（4）RBL 服务器在指定的区域中查询发送方邮件服务器的 IP 地址,并将查询结果返回给 DNS 服务器。如果此 IP 地址在 RBL 中,则返回应答码;否则返回 NXDOMAIN。

（5）DNS 服务器将查询结果转发给下一代防火墙。

（6）下一代防火墙根据查询结果处理 SMTP 请求:如果 RBL 服务器返回应答码,则该邮件被视为垃圾邮件,下一代防火墙根据管理员预先设置的响应动作,转发 SMTP 连接请求并记录日志或者阻断 SMTP 连接;如果 RBL 服务器返回 NXDOMAIN,下一代防火墙转发 SMTP 连接请求;如果 RBL 查询超时,下一代防火墙转发 SMTP 连接请求。

邮件内容过滤主要包括两个部分:邮箱地址检查和邮件附件控制。邮箱地址检查根据邮件的发件人和收件人邮箱地址来过滤邮件,其中,匿名邮件检测用来阻断发件人为空的邮件;邮件附件控制通过限制邮件所携带的附件数量和每个附件的大小来过滤邮件。

邮箱地址检查指的是下一代防火墙以代理方式检测 SMTP、POP3 和 IMAP 协议中的关键命令,从中提取发件人和收件人的邮箱地址,根据邮箱地址对邮件采取相应的动作。下一代防火墙支持的动作包括允许和阻断。

SMTP 协议主要用于客户端向邮件服务器或者一个邮件服务器向另一个邮件服务器发送邮件,POP3 和 IMAP 协议主要用于客户端从邮件服务器接收邮件。与此对应,下一代防火墙根据发送邮件和接收邮件来对邮箱地址进行检查,其本质是对邮件协议中关键命令的检测。控制发送邮件针对的是 SMTP 协议,控制接收邮件针对的是 POP3 和 IMAP 协议。

用户发送邮件时可以携带附件,大量的附件不但占用带宽,还存在信息泄露的风险。对此,下一代防火墙提供了邮件附件控制功能,可以控制邮件中所携带的附件的数量和每个附件的大小,从而控制带宽占用,并在一定程度上避免大量信息通过邮件泄露出去。

企业管理员可以对发送方向和接收方向分别设置附件个数限制和附件大小限制。其中,附件大小限制是针对邮件中的每一个附件而言的,只要有一个附件超过阈值,此邮件就按照指定的处理动作处理。

下一代防火墙支持针对邮件的标题、正文、附件名称对邮件进行精细化的过滤。邮件内容过滤具体的实现过程如图 4-10 所示。

（1）对发件人的邮箱地址和邮件内容进行检查,阻止外网的恶意用户向企业内网发送邮件。

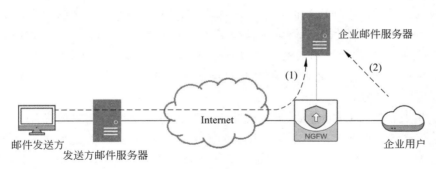

图 4-10　邮件内容过滤

（2）对发件人的邮箱地址和邮件内容进行检查，阻止特定的企业内网用户向外发送邮件。

4.2.6　URL 过滤

统一资源定位符（Uniform Resource Locator，URL）是对可以从互联网上得到的资源的位置和访问方法的一种简洁的表示，是互联网上标准资源的地址。互联网上的每个文件都有一个唯一的 URL，它包含的信息指出文件的位置以及浏览器应该怎么处理它。

URL 在带来便利的同时也带来了威胁。当用户无意间访问非法或恶意网站时，会泄露机密信息，甚至会带来病毒、木马等威胁攻击。解决上述问题最有效的方法就是阻断有害的 URL。为此，下一代防火墙提供了 URL 过滤功能，限制用户可访问的网站或网页资源，达到规范上网行为的目的。URL 是一串或长或短的字符串，由几部分字段组成，下一代防火墙在对 URL 进行过滤时，就是对这一串字符串进行检查和匹配。

一个典型的 URL 如图 4-11 所示。

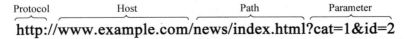

图 4-11　典型的 URL

其中，每个字段的含义如下：

Protocol 字段表示协议，通常为 HTTP 或 HTTPS，下一代防火墙支持对这两种协议进行 URL 过滤。

Host 字段表示 Web 服务器的域名或 IP 地址。如果 Web 服务器使用非标准端口，则 Host 字段还应包含端口号。

Path 字段表示 Web 服务器上的目录或文件名，各目录名和文件名之间以斜线"/"隔开。

Parameter 字段表示传递给网页的参数，通常用于从数据库中动态查询数据。

上述 4 个字段组成了一个完整的 URL。下一代防火墙在对 URL 进行过滤时，就是对这一串字符串进行检查和匹配。通常情况下，Parameter 字段的取值情况比较复杂，针对该字段进行过滤的管理成本很高,所以一般只针对 Host 和 Path 字段进行过滤。

　　Internet 上存在海量的网址,为了精确定义这些网址并按需过滤,下一代防火墙采用了分类措施,将海量的网址归属到不同的类型中,实现基于分类的 URL 过滤。下一代防火墙收到用户访问网站的请求时,在预定义分类中查询用户所访问的 URL 的分类,并根据分类采取不同的动作。

　　除了基于分类的 URL 过滤,下一代防火墙还提供基于黑白名单的 URL 过滤,方便管理员进行管理。基于黑白名单的 URL 过滤是基于分类的 URL 过滤的一个补充。下一代防火墙对 URL 黑白名单的处理更加简单直接:命中 URL 黑名单的请求被阻断,命中 URL 白名单的请求被放行。

　　基于分类的 URL 过滤和基于黑白名单的 URL 过滤的整体处理流程如图 4-12 所示。

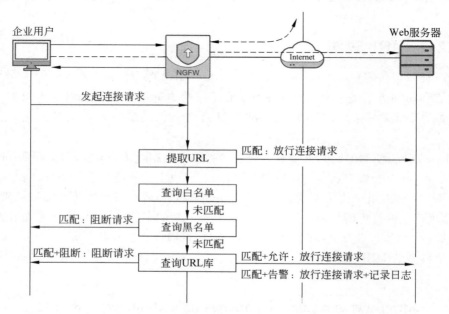

图 4-12　URL 过滤的整体处理流程

　　下一代防火墙支持对 HTTP 和 HTTPS 进行 URL 过滤。HTTP 中的数据是不加密的,下一代防火墙可以直接提取其中的 URL 信息。而 HTTPS 中的数据是加密的,下一代防火墙必须先解密数据后才能获得其中的 URL 信息。下面介绍针对 HTTPS 的 URL 过滤。

　　对于 HTTP,下一代防火墙可以很容易从用户的访问请求中提取出 URL 信息,然后进行 URL 过滤处理。但是,对于 HTTPS 来说,URL 的提取就没有这么简单了。当用户访问使用 HTTPS 的网站时,用户先和网站建立 SSL 连接,然后才进行应用层数据的传输。而且,应用层数据都是经过加密的。对于加密后的信息,下一代防火墙无法提取 URL 信息,也就无法进行 URL 过滤处理。此时下一代防火墙将针对 HTTPS 进行解密,然后就可以提取其中的 URL 了。

　　下一代防火墙通过替换证书来建立客户端与下一代防火墙、下一代防火墙与HTTPS服务器端的两个 SSL 连接。下一代防火墙以代理的身份发挥作用,对客户端访问HTTPS服务器的报文进行解密。解密之后就可以提取 URL 信息,进行 URL 过滤处理,允许通过的报文会加密后发送至 HTTPS 服务器。

4.3　安全认证

　　保护网络安全,内控与外防同样重要,有很多攻击都是由于内部员工蓄意或无意造成的。内控的主要手段就是对内部员工进行权限控制和行为审计,杜绝非法操作。由于 IP 地址动态变化,传统防火墙以 IP 地址作为管控对象已经无法满足精细化管控的需求,应改为根据用户账号来进行管控。下一代防火墙支持通过多种认证方式获取用户信息,并基于用户配置安全策略、审计策略等安全功能实现管控。

　　为了保证防火墙用户的合法性,提升访问的安全性,下一代防火墙具有安全认证功能。在接入认证的基础上,对不同的用户可以赋予不同的权限,采取不同的安全管控策略。

　　下一代防火墙具有多种安全认证方式,全面兼容集成第三方认证及单点登录支持 AD、LDAP、RADIUS 等第三方认证服务,可提升各种访问的安全性。下一代防火墙的认证服务器主要提供用户认证中的认证服务器配置,支持 AD、LDAP、RADIUS 以及本地认证。

4.3.1　本地用户认证

　　本地认证是使用防火墙的本地认证服务器进行认证,即使计算机脱离网络,也同样可以认证,一般认证方式为根据计算机硬件特征结合算法计算一个或多个只属于该计算机的序列号或授权文件。本地认证是将用户信息,包括本地用户的用户名、密码和各种属性,配置在本地认证服务器上。本地认证的优点是速度快,可以降低运营成本。

　　下一代防火墙本地认证服务器中保存了防火墙用户的用户名、密码以及权限信息。用户使用在下一代防火墙中设置的登录名和密码进行登录时,防火墙通过本地服务器上的数据对用户进行认证处理。

4.3.2　AD 用户认证

　　AD(Active Directory,活动目录)是微软公司 Windows Server 中负责中大型网络环境架构的集中式目录管理服务(Directory Service),它处理在组织中的网络对象,只要是在活动目录结构定义文件中定义的对象,就可以存储在活动目录数据文件中,并利用活动目录 Service Interface 来访问,许多活动目录的管理工具都是利用这个接口来调用并使用活动目录的数据。

　　下一代防火墙支持与 AD 服务器进行联动,将 AD 服务器中的用户列表同步到防火墙上,在配置服务器界面,可以配置防火墙需要联动的 AD 服务器的信息。

用户在未部署下一代防火墙之前已经部署了 AD 域控制器对账号进行集中管理。部署下一代防火墙之后,将下一代防火墙和 AD 服务器进行联动,用户使用 AD 域账号即可进行身份认证。AD 用户认证过程如图 4-13 所示。

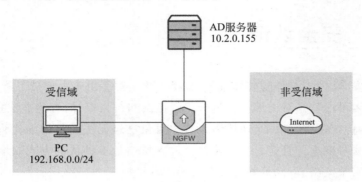

图 4-13　AD 用户认证过程

在尝试登录防火墙时,用户使用已有认证系统的接入方式,感知不到防火墙的认证。使用此种方法,下一代防火墙间接获取用户上线信息,不参与认证。

4.3.3　LDAP 用户认证

LDAP(Lightweight Directory Access Protocol,轻量目录访问协议)是防火墙远程认证的一种方式。当启用 LDAP 认证后,用户上网前需要出示账号和密码,防火墙将此信息传递给认证服务器,用户通过认证后,防火墙允许该用户访问互联网。

LDAP 是一种基于 TCP/IP 的目录访问协议,主要应用于存储不经常改变的数据。

提供 LDAP 目录服务的服务器就是 LDAP 服务器。下一代防火墙与 LDAP 服务器对接主要用于用户认证,LDAP 认证就是把用户数据放在 LDAP 服务器上,通过 LDAP 搭建的认证方式,使用 HTTPS 加密传输用户登录信息,通过 LDAP 服务器上的数据对用户进行认证处理。LDAP 认证过程如图 4-14 所示。

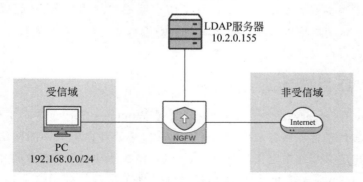

图 4-14　LDAP 认证过程

4.3.4　RADIUS 用户认证

RADIUS(Remote Authentication Dial In User Service,远程认证拨号用户服务)是一个分布式客户/服务器协议,它能够使网络不受非法访问流量的侵扰。RADIUS 协议起初是一个访问服务器认证和审计协议,后来 RADIUS 协议得到了广泛的认可,诸多厂商的设备都对其提供了支持,拥有良好的客户基础,因而获得了广泛的支持。

RADIUS 主要针对的远程登录类型有 SLIP、PPP、Telnet 和 rlogin 等。RADIUS 协议应用范围很广,包括普通电话、上网业务计费等。它对 VPN 的支持可以使不同拨入服务器的用户具有不同权限。

RADIUS 采用 C/S 架构,用户数据存储在 RADIUS 服务器上,由服务器对客户端进行统一管理、认证、授权、计费。

RADIUS 需要用客户/服务器模式来实施,而客户端可以是任何网络访问服务器(NAS),包括下一代防火墙,而用户访问信息的配置文件就保存在这台服务器中。它可以将认证请求发送给中心服务器。

在使用下一代防火墙 RADIUS 用户认证功能时,运行在防火墙上的 RADIUS 客户端发送认证请求到中心 RADIUS 服务器,服务器上包含了所有用户认证和网络服务访问的信息,通过 RADIUS 服务器上的数据对用户进行认证处理。RADIUS 认证过程如图 4-15所示。

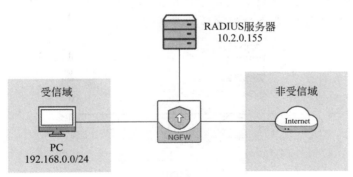

图 4-15　RADIUS 认证过程

4.3.5　IEEE 802.1x 认证

防火墙支持 IEEE 802.1x 认证功能。IEEE 802.1x 协议是基于客户/服务器的访问控制和认证协议。它可以限制未经授权的用户/设备通过接入端口(access port)访问内网或者互联网。在获得许可之前,IEEE 802.1x 对连接到防火墙接口上的用户/设备进行认证。在认证通过之前,IEEE 802.1x 只允许 EAPoL(Extensible Authentication Protocol over LAN,基于局域网的扩展认证协议)数据通过设备连接到防火墙接口;在认证通过以后,正常的数据可以顺利地通过防火墙的接口。

在 IEEE 802.1x 认证列表中,用户可以查看 IEEE 802.1x 认证接口的接入控制方式、认证服务器、状态等信息。

4.4 攻击防御

　　防火墙的基本作用是保护特定网络免遭不受信任网络的攻击。攻击防御功能可以有效过滤并阻止非正常报文或攻击报文流入内网,与传统防火墙相比,下一代防火墙提供了更加灵活、可调整配置及全面的攻击防御功能,包括网络层攻击防御功能、应用层攻击防御功能、局域网广播防御功能、DHCP防护和木马专项查杀功能,这些攻击防御功能可以过滤并阻止非正常报文或攻击报文流入内网,保证内网安全。一旦非正常报文或攻击报文流入内网,不仅会耗尽服务器的资源,使服务器无法正常工作,还会影响整个网络,引起网络拥塞,这些都是网络中最常见、最普遍使用的攻击手段。

　　奇安信新一代智慧防火墙的攻击防御模块通过基于安全域的洪水攻击防御、恶意扫描防御和欺骗防御等手段对网络进行防御,将 SYN Flood、ICMP Flood、UDP Flood、IP Flood、Ping of Death、Teardrop、IP 选项、TCP 异常、Smurf、Fraggle、Land、Winnuke 等常见攻击行为的检测集成在模块中,使用户通过启用并配置攻击防御模块即可有效地过滤并阻止非正常报文流入用户内网。同时下一代防火墙对 HTTP、DNS、DHCP 协议提供应用层防护,针对局域网多播、广播、IP 地址欺骗等也提供了专门的防御。

　　网络攻击多建立在会话中,因此在介绍各种攻击之前,先介绍用来建立会话的三次握手过程。在 TCP/IP 协议中,TCP 协议提供可靠的连接服务,在双方传输数据前必须在双方间建立一条连接通道,这个过程就是 TCP 三次握手,如图 4-16 所示。

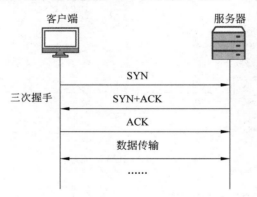

图 4-16　TCP 三次握手

　　(1) 第一次握手:客户端向服务器端发送一个 SYN(Synchronize)报文,指明想要建立连接的服务器端口以及序列号(ISN)。

　　(2) 第二次握手:服务器在收到客户端的 SYN 报文后,返回一个 SYN＋ACK 的报文,表示客户端的请求被接受,同时在 SYN＋ACK 报文中将确认号设置为客户端的 ISN 加 1。ACK 表示确认(Acknowledgment)。

　　(3) 第三次握手:客户端收到服务器的 SYN＋ACK 报文后,向服务器发送 ACK 报文进行确认。ACK 报文发送完毕,三次握手建立成功。

4.4.1　恶意扫描防御

攻击者的入侵过程主要包含两部分：一是探测和边界突破两个环节；二是攻击者成功进入企业内网后，通过持续的渗透，安装工具，横向移动，最终实施数据窃取或破坏等攻击。显然，攻击者开启入侵的第一步即是探测，也可理解为踩点扫描。攻击者需要通过各种途径对攻击目标进行多方了解，利用扫描工具进行端口及漏洞扫描，查看服务器的运行状态等基本信息。一旦发现漏洞，就会利用其进行攻击，随后进入以后的各个入侵环节，最终达到窃取或破坏数据的目的。

因此，要想阻止攻击者攻击，就可以通过防扫描的方式从源头阻止探测，让企业在第一时间发现威胁，阻断攻击者扫描，从而提升攻击者攻击的门槛，提高攻击成本，大幅度降低攻击者入侵企业内网的风险。

传统防火墙的防扫描功能是通过提取数据包中的规则来实现的，这种方法是一种单一的强规则判断。所谓强规则是指扫描器的强特征，例如扫描器可能携带其特定的用户代理（User Agent，UA），这个特定的 UA 就是强特征。强特征的优点是误判率低，识别速度快。但是它也有很大的缺点，就是随着扫描器版本的升级，强特征会越来越少，后续可能根本无法识别扫描器，因此产品的防扫描效果也将大打折扣。

这种通过强规则判断的防御手段往往是被动的，存在着很多疏漏的可能。目前有很多防火墙产品忽视了这种问题。基于此，奇安信新一代智慧防火墙的防恶意扫描功能在设置了强规则判断的基础上，还加入了弱规则判断，实现了在基于数据包分析的同时，也会基于行为予以联合判决。

所谓弱特征就是所有扫描器都具有的流量行为特征，包含不常见的方法、扫描目录频率、HTTP 请求频率、被拦截的 SID（Security Identifier，安全标识符）频率等扫描行为特征。防恶意扫描功能通过制定强特征和弱特征进行有效识别。如果某些特征匹配强特征，就直接予以阻止；如果匹配弱特征，就会考察其他弱特征与之的关联程度，如果关联程度高，就会形成强规则予以阻止。并且弱特征通过流量加权运算，最终保证识别效果并且降低误判率。

奇安信新一代智慧防火墙的防恶意扫描功能能够自动识别扫描器的扫描行为，智能阻断 Nikto、Paros proxy、WebScarab、Whisker、Libwhisker、Burpsuite、Wikto、Pangolin、Watchfire AppScan、N-Stealth 等多种扫描器的扫描行为，并在扫描器刚开始爬取网站的时候就识别扫描行为，进行阻断，大大降低了扫描器发现漏洞的概率，阻止了未知威胁的攻击。

4.4.2　欺骗防御

IP 欺骗利用了 IP 地址并不是在出厂的时候与 MAC 固定在一起的这一点，攻击者通过自封包和修改网络节点的 IP 地址，冒充某个可信节点的 IP 地址进行攻击。IP 欺骗主要有以下 3 种后果：

（1）使真正拥有 IP 地址的可信主机瘫痪，伪装可信主机攻击服务器。

（2）导致中间人攻击。

（3）导致 DNS 欺骗和会话劫持。

奇安信新一代智慧防火墙欺骗防御功能提供防 IP 欺骗、DHCP 监控辅助检查。

启用防 IP 欺骗功能时，用户需要单击"配置 IP 安全域关联"，将安全域的 IP 地址段与安全域名称进行关联，形成 IP 安全域关联列表。当关联列表中的 IP 地址是从非关联的安全域进入防火墙的时候，防火墙会对其访问进行阻断并记录日志。

启用 DHCP 监控辅助检查功能后，防火墙会对接收到的数据包中的源 IP 地址和源 MAC 地址的对应关系进行检查，对应关系检查使用的匹配列表是根据 DHCP 监控捕获的 IP 地址与 MAC 地址的对应关系生成的。

如果用户开启了 IP-MAC 地址绑定功能，则该功能优先于 DHCP 监控辅助检查功能，当防火墙接收到的数据包的源 IP 地址和源 MAC 地址对应关系在 IP-MAC 绑定列表及 DHCP 监控列表中均未命中，则根据 IP-MAC 未绑定策略来决定对该数据包是拒绝通过还是允许通过。

如果用户没有对 IP-MAC 绑定策略进行配置，当防火墙接收到的数据包的源 IP 地址和源 MAC 地址对应关系在 IP-MAC 绑定列表及 DHCP 监控列表中均未命中，则允许该数据包通过防火墙。

4.4.3　单包攻击防御

单包攻击一般包括 3 种类型：畸形报文攻击、扫描类攻击以及特殊控制报文攻击。

畸形报文攻击通常指攻击者发送大量有缺陷的报文，从而造成主机或服务器在处理这类报文时系统崩溃。此种攻击的典型案例包括 Smurf 攻击、Land 攻击、Ping of Death 攻击等。

扫描类攻击是一种潜在的攻击行为，并不具备直接的破坏力，通常是攻击者发动真正攻击前的网络探测行为。此种攻击的典型案例包括 IP 地址扫描攻击和端口扫描攻击。

特殊控制报文攻击也是一种潜在的攻击行为，不具备直接的破坏力，攻击者通过发送特殊控制报文探测网络结构，为后续发动真正的攻击做准备。此种攻击的典型案例包括超大 ICMP 报文攻击、ICMP 重定向报文攻击以及 Tracert 报文攻击等。

下面介绍 3 种常见单包攻击及防御方法。

1. Land 攻击及防御

Land 攻击是指攻击者向目标计算机发送伪造的 TCP 报文，此 TCP 报文的源地址和目的地址同为目标计算机的 IP 地址。这将导致目标计算机向自身的地址发送回应报文，从而造成资源的消耗。

Land 攻击利用了 TCP 连接建立的三次握手过程，通过向目标计算机发送 TCP SYN 报文（连接建立请求报文）而完成对目标计算机的攻击。与正常的 TCP SYN 报文不同的是，Land 攻击报文的源 IP 地址和目的 IP 地址是相同的，都是目标计算机的 IP 地址。这样目标计算机接收到这个 SYN 报文后，就会向该报文的源地址发送一个 ACK 报文，并建立一个 TCP 连接控制结构，而该报文的源地址就是自己，因此，这个 ACK 报文就发给了自己。如果攻击者发送了足够多的 SYN 报文，则目标计算机的 TCP 连接控制结构可能会耗尽,最终不能正常服务。

防火墙在处理 Land 攻击报文时,检查 TCP 报文的源地址和目的地址是否相同,或者 TCP 报文的源地址是否为环回地址,如果是则丢弃。

2. 端口扫描攻击及防御

端口扫描攻击通常使用一些软件向目标主机的一系列 TCP/UDP 端口发起连接,根据应答报文判断主机是否使用这些端口提供服务。

利用 TCP 报文进行端口扫描时,攻击者向目标主机发送连接请求(TCP SYN)报文。若请求的 TCP 端口是开放的,目标主机回应一个 TCP ACK 报文;若请求的 TCP 端口未开放,目标主机回应一个 TCP RST 报文。通过分析回应报文是 ACK 报文还是 RST 报文,攻击者可以判断目标主机是否启用了请求的服务。

利用 UDP 报文进行端口扫描时,攻击者向目标主机发送 UDP 报文。若目标主机上请求的目的端口未开放,目标主机回应 ICMP 不可达报文;若该端口是开放的,则不会回应 ICMP 报文。通过分析是否回应了 ICMP 不可达报文,攻击者可以判断目标主机是否启用了请求的服务。这种攻击通常在判断出目标主机开放了哪些端口之后,将会针对具体的端口进行更进一步的攻击。

防火墙对收到的 TCP、UDP、ICMP 报文进行检测,统计从同一个源 IP 地址发出报文的不同目的端口个数。如果在一定的时间内,端口个数达到设置的阈值,则直接丢弃报文,并记录日志,然后根据配置决定是否将源 IP 地址加入黑名单。

3. ICMP 重定向报文攻击及防御

ICMP 重定向报文是 ICMP 控制报文中的一种。在特定的情况下,当路由器检测到一台主机使用非优化路由的时候,它会向该主机发送一个 ICMP 重定向报文,请求主机改变路由。路由器也会把初始数据报向它的目的地转发。

如图 4-17 所示,当主机 A 向主机 B 发送一个请求时,先通过默认网关(路由器 R2)发起请求(如虚线所示)。而这时 R2 发现通过自己到达主机 B 并非最佳路径,通过路由器

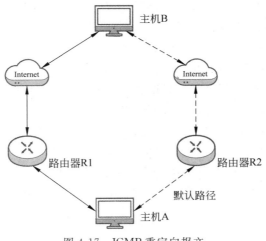

图 4-17　ICMP 重定向报文

R1 到达主机 B 的路径更短,于是路由器 R2 就会向主机 A 发送 ICMP 重定向报文,让主机 A 下次请求主机 B 时通过路由器 R1 走,不要从路由器 R2 走。这时主机 A 就会在自己的路由表中将到达主机 B 的下一跳地址改成路由器 R1。

正常的网关可以向主机发送重定向报文,因此,只要伪造网关发送重定向报文,就能使得被攻击者在下次发起请求时将数据包发送至错误的网关,这样可以使被攻击者断网,或者攻击者可以窃听其流量数据。

如图 4-18 所示,攻击的关键点是抓取主机 A 向路由器 R1 发送的数据包,在 WLAN 下数据包都是广播发送的,所以攻击者的网卡只需要开启混杂模式,就能抓取主机 A 向路由器 R1 发送的数据包。

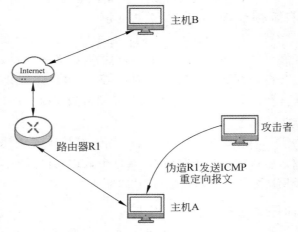

图 4-18　ICMP 重定向报文攻击

4.4.4　流量型攻击防御

流量型攻击是通过在网络中发送大流量的数据包,极大地消耗网络带宽资源,使目标主机瘫痪,从而达到攻击的目的。攻击者通过木马控制网络中的计算机,使其成为傀儡主机。攻击者通过控制大量的傀儡主机同时对同一个目标主机发动大量的攻击报文,造成目标主机所在网络链路拥塞、资源耗尽,从而使目标主机无法向正常用户提供服务,这就是分布式拒绝服务(DDoS)攻击。

由于 DDoS 攻击往往采取合法的数据请求技术,再加上傀儡主机,造成 DDoS 攻击成为目前最难防御的网络攻击之一。传统的网络设备和周边安全技术(例如防火墙和 IDS)由于速率限制、接入限制等,均无法提供针对 DDoS 攻击的有效保护,需要一个新的体系结构和技术来抵御复杂的 DDoS 攻击。DDoS 攻击主要是利用了 Internet 协议和 Internet 的基本特点——无偏差地从任何源头传送数据包到任意目的地。

流量型攻击常见的类型包括 SYN Flood、ACK Flood、UDP Flood、ICMP Flood 等。

1. SYN Flood

SYN Flood 是拒绝服务攻击的常用手段之一。它利用 TCP 协议的缺陷发送大量伪造的 TCP 连接请求,从而使得被攻击方资源耗尽,最终导致系统崩溃。

SYN 是 TCP/IP 建立连接时使用的握手信号。SYN 是存在于 TCP 头部的一个同步比特字段,而 ACK 是 TCP 头部的一个确认比特字段。在客户机和服务器之间建立正常的 TCP 网络连接时,客户机首先发出一个 SYN 消息,服务器使用 SYN+ACK 应答表示接收到这个消息,最后客户机再以 ACK 消息响应。这样在客户机和服务器之间才能建立起可靠的 TCP 连接,数据才可以在客户机和服务器之间传递。

在 TCP 三次握手机制中,如果客户端在发送了 SYN 报文后出现了故障,那么服务器在发出 SYN+ACK 应答报文后无法收到客户端的 ACK 报文,即第三次握手无法完成,这种情况下服务器会重试,向客户端再次发送 SYN+ACK,并等待一段时间。如果在一定时间内还是得不到客户端的回应,则服务器放弃这个未完成的连接。

SYN Flood 攻击正是利用了 TCP 三次握手机制。攻击者向目标主机发送大量的 SYN 报文请求,当目标主机回应 SYN+ACK 报文时,攻击者不再继续回应 ACK 报文,导致目标主机上建立了大量的半连接。这样,目标主机的资源会被这些半连接耗尽,导致目标主机资源被大量占用,无法释放,直至无法再向正常用户提供服务。SYN Flood 攻击过程如图 4-19 所示。

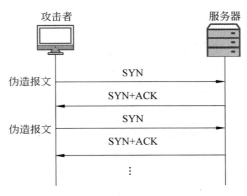

图 4-19　SYN Flood 攻击过程

防火墙针对 SYN Flood 攻击,一般会采用 TCP 代理和源探测两种方式进行防御。

TCP 代理是指防火墙部署在客户端和服务器中间,当客户端向目标主机发送的 SYN 报文经过防火墙时,防火墙代替目标主机与客户端进行三次握手。这种防御方式一般用于报文来回路径一致的场景。

TCP 代理过程如图 4-20 所示。当防火墙收到 SYN 报文时,对 SYN 报文进行拦截,代替服务器回应 SYN+ACK 报文。如果客户端不能正常回应 ACK 报文,则判定此 SYN 报文为非正常报文,防火墙代替目标主机保持半连接一定时间后,放弃此连接。

如果客户端正常回应 ACK 报文,防火墙与客户端完成了正常的三次握手,则判定此 SYN 报文为正常业务报文,而非攻击报文。防火墙立即与目标主机再进行三次握手,此连接的后续报文直接送到目标主机。

整个 TCP 代理的过程对于客户端和服务器都是透明的。TCP 代理的本质就是利用防火墙的高性能,代替服务器承受半连接带来的资源消耗,由于防火墙的性能一般比服务

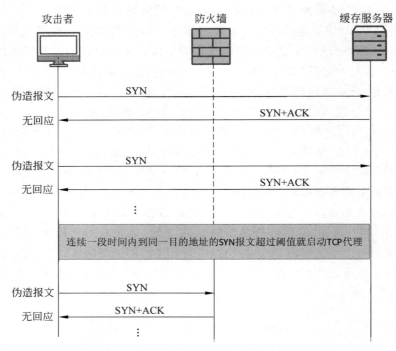

图 4-20　TCP 代理原理示意图

器高很多，所以可以有效防御这种消耗资源的攻击。

2. UDP Flood

用户数据报（User Datagram Protocol，UDP）是一种无连接的协议，在 OSI 参考模型的传输层，处于 IP 协议的上一层。与 TCP 协议不同，UDP 是一个无连接协议，在使用 UDP 协议传输数据之前，客户端和服务器之间不建立连接，不提供数据包分组、组装，不能对数据包进行排序，当报文发送之后，无法得知其是否安全、完整到达。如果在从客户端到服务器端的传递过程中出现数据的丢失，UDP 协议本身并不能做出任何检测或提示。因此，通常把 UDP 协议称为不可靠的传输协议。

虽然 UDP 是一种不可靠的网络协议，但其具有非常大的速度优势。由于 UDP 不使用信息可靠传递机制，将安全和排序等功能移交给上层应用来完成，极大地缩短了执行时间，使传输速度得到了保证。因此 UDP 广泛应用于多媒体应用中，例如包括网络视频会议系统在内的众多的客户/服务器模式的网络应用都需要使用 UDP 协议。UDP 协议从问世至今已经使用了很多年，虽然其最初的光彩已经被一些类似协议所掩盖，但是即使在今天，UDP 仍然不失为一项非常实用和可行的网络传输层协议。

与所熟知的 TCP 协议一样，UDP 直接位于 IP 协议的顶层。根据 OSI 参考模型，UDP 和 TCP 都属于传输层协议。UDP 协议的主要作用是将网络数据流压缩成数据包的形式。一个典型的数据包就是一个二进制数据的传输单位。每一个数据包的前 8 个字节包含报头信息，剩余字节则包含具体的传输数据。

UDP 协议的广泛应用为攻击者发动 UDP Flood 攻击提供了机会。UDP Flood 属于带宽类攻击,由于 UDP 协议是无连接性的,所以只要开放了一个 UDP 的端口提供相关服务,就可针对相关的服务进行攻击。在 UDP Flood 攻击中,攻击者可发送大量伪造源 IP 地址的 UDP 数据包。如图 4-21 所示,攻击者通过僵尸网络向目标服务器发起大量的 UDP 报文,这种 UDP 报文通常为大包,且速率非常快,通常会消耗网络带宽资源,严重时会造成链路拥塞,使依靠会话转发的网络设备性能降低甚至会话耗尽,从而导致网络瘫痪。

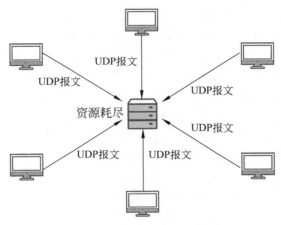

图 4-21　UDP Flood 攻击过程

防火墙对 UDP Flood 攻击的防御方式是限流,通过限流将链路中的 UDP 报文控制在合理的带宽范围之内。

防火墙针对 UDP Flood 攻击的限流有 3 种。

(1) 基于目的 IP 地址的限流。即以某个 IP 地址作为统计对象,对到达这个 IP 地址的 UDP 报文进行统计并限流,将超过部分丢弃。

(2) 基于目的安全域的限流。即以某个安全域作为统计对象,对到达这个安全域的 UDP 报文进行统计并限流,将超过部分丢弃。

(3) 基于会话的限流。即对每条 UDP 会话上的报文速率进行统计,如果会话上的 UDP 报文速率达到了告警阈值,这条会话就会被锁定,后续命中这条会话的 UDP 报文都被丢弃。当这条会话连续 3s 或者 3s 以上没有流量时,防火墙会解锁此会话,后续命中此会话的报文可以继续通过。

4.4.5　应用层 Flood 攻击防御

随着计算机硬件的不断提升、运营商网络的不断扩容以及安全策略的不断完善,依靠抢占带宽制造的流量型攻击效果越来越差。攻击者开始寻求新的突破,转而向上进行应用层攻击,应用层攻击逐渐变为新的焦点。应用层攻击比传输层攻击对于目标服务器造成的伤害更大。

应用层攻击是指破坏应用程序、应用程序的用户或由应用程序管理的数据的行为。应用层攻击通常并不依赖于在其下各层使用的攻击技术,但应用层攻击有时会使用这些攻击技术(如 IP 欺骗或 TCP 会话劫持)来改变应用层攻击传递给目标系统的方式。常见的应用层攻击包括 DNS Flood、HTTP Flood 等。

1. DNS Flood 攻击

通常情况下,用户在上网访问网页的时候输入的网址都是域名,这个请求的域名会发送到 DNS 缓存服务器,以请求其对应的 IP 地址。如果 DNS 缓存服务器上有此域名和 IP 地址的映射关系,DNS 缓存服务器就会将查询到的 IP 地址返回给客户端。当 DNS 缓存服务器查找不到该域名与 IP 地址的对应关系时,它会向 DNS 授权服务器发出域名查询请求。为了减少 Internet 上 DNS 的通信量,DNS 缓存服务器会将查询到的域名和 IP 地址对应关系存储在自己的本地缓存中。后续再有主机请求该域名时,DNS 缓存服务器会直接用本地缓存中的记录信息回应,直到该记录老化,被删除。

DNS Flood 攻击是向被攻击的 DNS 服务器发送大量的域名解析请求,通常请求解析的域名是随机生成的或者在网络上根本不存在的域名。被攻击的 DNS 服务器在接收到域名解析请求后,首先会在服务器上查找是否有对应的缓存,如果查找不到并且该域名无法直接由服务器解析的时候,DNS 服务器会向其上层 DNS 服务器递归查询域名信息。域名解析的过程需要 DNS 缓存服务器不停向授权服务器发送解析请求,最终导致 DNS 缓存服务器或者 DNS 授权服务器瘫痪,影响其对正常请求的回应。DNS Flood 攻击的过程如图 4-22 所示。

图 4-22　DNS Flood 攻击的过程

防火墙防御 DNS Flood 攻击采用的方式是 TC 源认证。DNS 服务器支持 TCP 和 UDP 两种协议的查询,但是大多数查询使用的是 UDP,这是由于 UDP 提供无连接服务,传输速度快,可以降低服务器的负载。但是当 DNS 服务器设定使用 TCP 连接时,就需要通过 TCP 方式查询。当客户端向 DNS 服务器发起查询请求时,DNS 回应报文中有一个 TC 标志位,如果 TC 标志位置 1,就表示需要通过 TCP 方式查询,如图 4-23 所示。防火墙就是利用这一机制对 DNS Flood 攻击进行防御的。

QR	Opcode	AA	TC	RD	RA	(Zero)	Rcode
1	4	1	1	1	1	3	4

0　　　　　　　　　　　15	16　　　　　　　　　　　31
标识	标志
问题数	资源记录数
授权资源记录数	额外资源记录数
查询问题	
问答 (资源记录数可变)	
授权 (资源记录数可变)	
额外信息 (资源记录数可变)	

图 4-23　DNS 回应报文格式

　　如图 4-24 所示,如果发生 DNS Flood 攻击,防火墙收到 DNS 请求时,会代替 DNS 服务器响应 DNS 请求,并将 TC 标志位置 1,要求 DNS 客户端以 TCP 方式发送 DNS 请求。如果客户端是真实源 IP 地址,会继续以 TCP 方式发送 DNS 请求;如果客户端是虚假源 IP 地址,则不会再以 TCP 方式发送 DNS 请求。

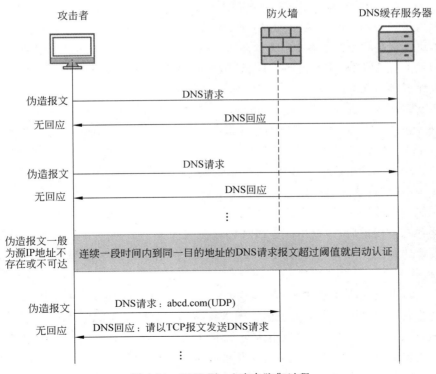

图 4-24　DNS Flood 攻击防御过程

下一代防火墙针对 DNS Flood 有两种防御动作,分别是告警和丢弃。当数据包数量达到告警阈值后,对命中 DNS Flood 防御策略的数据包仅会产生告警日志。当数据包数量达到丢弃阈值后,对命中 DNS Flood 防御策略的数据包不仅会产生告警日志,还会将其丢弃。

下一代防火墙在普通防御模式下,当数据包数量达到阈值后,对命中 DNS Flood 防御策略的数据包,会采取首包丢弃技术进行防御。这种模式的适用场景为大量随机源发起的大量随机 DNS 请求。

下一代防火墙在增强防御模式下,当数据包数量达到阈值后,对命中 DNS Flood 防御策略的数据包,会采取 TC 反弹技术进行防御。这种模式能细粒度分离攻击者与正常用户,但可能会占用更多的 DNS 服务器资源。

2. HTTP Flood 攻击

HTTP Flood 攻击是指攻击者通过代理或僵尸主机向目标服务器发送大量的 HTTP 报文,请求涉及数据库操作的 URI(Universal Resource Identifier,统一资源标识符)或其他消耗系统资源的 URI,造成服务器资源耗尽,无法响应正常请求。例如门户网站经常受到的 HTTP Flood 攻击,其最大特征就是选择消耗服务器 CPU 或内存资源的 URI,如涉及数据库操作的 URI。

防火墙对于 HTTP Flood 攻击的防御主要依靠 HTTP 协议所支持的重定向方式。所谓重定向是指服务器无法处理浏览器发送过来的请求,服务器告诉浏览器跳转到可以处理请求的 URI。例如,客户端向服务器请求 www.sina.com,服务器可以返回一个命令,让客户端改为访问 www.sohu.com。这种重定向的命令在 HTTP 协议栈中是合法的。防火墙的防御机制就是利用这个技术点来探测 HTTP 客户端是否为真实存在的主机。

防火墙利用 HTTP 报文的重定向机制,在防御 HTTP Flood 攻击过程中,向客户端重定向一个其他的 URI。

如图 4-25 所示,当客户端访问 search1.com 的时候,防火墙将客户端要访问的 URI 重定向到 search2.com。如果客户端是虚假源,在收到防火墙发送的重定向地址后,不会重新发送 HTTP 请求;如果客户端是真实源,则会对防火墙的重定向报文进行响应,并重新向 search2.com 发送请求。这样,防火墙收到 search2.com 请求后,即可判定这个客户端是真实源,并允许这个客户端连接目的服务器。

下一代防火墙针对 HTTP Flood 攻击有两种防御动作,分别是告警和丢弃。当数据包数量达到告警阈值后,对命中 HTTP Flood 防御策略的数据包仅会产生告警日志。当数据包数量达到丢弃阈值后,对命中 HTTP Flood 防御策略的数据包不仅会产生告警日志,还会将其丢弃。

下一代防火墙在普通防御模式下,当数据包数量达到阈值后,对命中 HTTP Flood 防御策略的数据包会采取自动重定向技术进行防御。此种模式适合在攻击方未完全实现 HTTP 协议栈,而是用攻击工具制造大量 HTTP get 请求,无法响应重定向时使用。

下一代防火墙在增强防御模式下,当数据包数量达到阈值后,对命中 HTTP Flood 防御策略的数据包会采取手动确认技术进行防御。这种模式可以完全区分攻击者与用

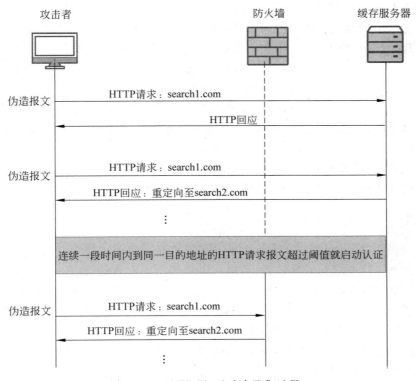

图 4-25　HTTP Flood 攻击防御过程

户,需要用户手动确认访问。

　　下一代防火墙的攻击防御模块集成了基于安全域的 Flood 攻击防御和扫描欺骗防御、IP 地址扫描攻击防御、端口扫描防御以及异常包攻击防御、应用层防御等手段,使得用户通过启用并配置攻击防御模块能有效地过滤非正常报文或攻击报文并采取相应的措施阻止其流入用户内网。同时针对洪水攻击和扫描攻击,攻击防御模块允许用户通过限制报文的阈值来保护内部网络免受恶意洪水攻击的威胁,保证内部网络及内部服务器正常运行。攻击防御模块能及时向用户输出安全告警,并在系统状态中实时显示当前排行前 10 位的攻击行为,让网络管理员能够快速了解并定位网络攻击,并且能快速做出响应,保证网络正常。

　　常见的攻击方式掺杂了大量的组合式洪水攻击,攻击者实际上是通过消耗被攻击者的性能资源来破坏被攻击者的资产。为此,下一代防火墙系统提供了强大的性能支撑,以保证在大量攻击消耗下一代防火墙资源的时候,不会给用户网络带来损失。

4.5　入侵防御

　　随着网络的高速发展,各种威胁也层出不穷,木马、蠕虫、僵尸网络、间谍软件以及溢出攻击、注入攻击等多种攻击方式都在威胁着网络安全。另外,操作系统、应用程序不断爆出安全漏洞,已知安全漏洞造成的危害难以应对,未知的安全漏洞也带来了多种隐患。

网络中除了大量用户正常访问服务的流量以外,还存在大量异常的攻击流量。攻击者利用通信协议、操作系统、应用程序等信息系统组件的漏洞,获得系统的远程控制权限,从而达到不法目的,可能造成用户的信息系统遭到破坏甚至信息泄露等后果。面对这种状况,下一代防火墙提供了入侵防御系统(IPS)功能。

传统防火墙工作在网络层,无法检测到针对应用层的攻击。下一代防火墙入侵防御主要提供基于应用层的安全防御,提供了漏洞防御与防间谍软件功能,通过抵御拒绝服务、缓冲区溢出、恶意扫描、木马后门、病毒蠕虫、僵尸网络、跨站脚本、SQL 注入等攻击手段,达到保护用户服务器和接入终端安全的目的。

下一代防火墙可识别并阻断 3000 余种漏洞入侵和间谍软件,支持生成动态策略。

4.5.1 网络入侵技术简介

由于应用软件、操作系统在设计上不可避免地存在缺陷或错误,导致应用软件、操作系统存在漏洞。这些漏洞一旦被利用,如利用漏洞向应用软件、操作系统植入恶意代码,利用漏洞实现越权访问甚至获得控制权等,都会给用户带来不可估量的损失。

攻击者利用应用软件和操作系统的漏洞入侵系统。攻击者使用的入侵方法很多,入侵成功后,攻击者会在被攻击设备上安装木马程序。木马是一种恶意程序,是一种基于远程控制的黑客工具,一旦侵入用户的计算机,就悄悄地在宿主计算机上运行,在用户毫无察觉的情况下,让攻击者获得远程访问和控制系统的权限,进而在用户的计算机中修改文件,修改注册表,控制鼠标,监视/控制键盘,或窃取用户信息。与一般的病毒不同,木马不会自我繁殖,也并不刻意去感染其他文件。木马通过将自身伪装成正常程序,吸引用户下载和执行,向攻击者提供打开用户计算机的门户,使攻击者可以任意毁坏、窃取用户计算机的文件,甚至远程操控用户计算机。木马系统软件一般由木马配置程序、控制程序和木马程序(服务器程序)三部分组成,如图 4-26 所示。

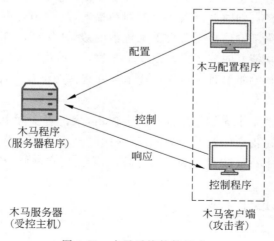

图 4-26　木马系统软件组成

当通过木马控制目标主机时,木马控制端需要与服务器端建立连接,而连接时必须知道服务器端的木马端口和 IP 地址。获得服务器端的 IP 地址的方法主要有两种:信息反馈和 IP 扫描。木马控制目标主机的过程如图 4-27 所示。

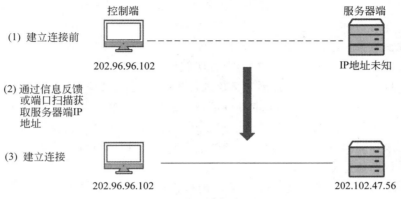

图 4-27　木马控制目标主机的过程

当木马与目标主机建立连接后,控制端端口和服务器端木马端口之间将会出现一条通道,控制端上的控制程序可通过这条通道与服务器端上的木马程序取得联系,并通过木马程序对服务器端进行远程控制,其实现的远程控制就如同本地操作一样。

4.5.2　入侵防御原理

入侵防御系统(IPS)可以实时发现和阻断入侵行为,是一种侧重于风险控制的安全机制,如图 4-28 所示。

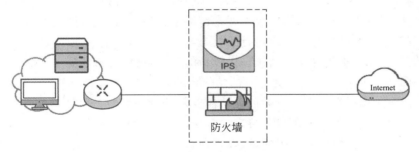

图 4-28　IPS 示意图

入侵防御系统通过对数据流进行二到七层的深度分析,能精确、实时地识别和阻断病毒、木马、SQL 注入、跨站脚本攻击、DoS/DDoS、扫描等安全威胁。入侵防御系统检测引擎结合了异常检测与攻击特征数据库检测的技术,同时也包含了深层数据包检查能力,除了检查第四层数据包外,更能深入检查到第七层数据包内容,以阻挡恶意攻击的穿透,同时不影响正常程序的工作。

防御入侵的前提是识别入侵行为,网络中的报文多种多样,IPS 采用特征对比的方式,通过签名来判断入侵行为。

下一代防火墙提供了 IPS 特征库(签名库),其中包含了针对各种已知攻击行为的信息。由于这些攻击行为的信息都是事先定义好的,可以直接使用。网络攻击层出不穷,为了识别新的攻击行为,必须定期更新 IPS 特征库,才能够更好地防御攻击行为,保证网络安全。

使用预定义攻击行为信息可以识别出绝大部分攻击行为并进行防御,可以满足一般场景中的安全需求,但是还是有一些预定义攻击行为信息覆盖不到的情况。例如,针对某个漏洞的攻击行为已经出现,但是 IPS 特征库中还没有更新相应的签名;安全厂商还未知晓的零日漏洞(0day),其漏洞信息和利用方法就已经在黑客圈里传播了。这两种情况都是因为 IPS 特征库中没有相应的预定义攻击行为信息,所以 IPS 无法防范此类攻击行为。

为此,下一代防火墙提供了自定义攻击行为信息功能,以解决预定义攻击行为信息未及时更新而导致的无法识别和防御上述攻击行为的问题。使用自定义行为信息来临时防御这些利用未知漏洞进行攻击的行为,待升级 IPS 特征库后,再使用 IPS 特征库中相应的预定义攻击行为信息来防御。

自定义攻击行为信息需要手工定义攻击行为的特征,对网络管理员技能要求很高。比如针对 0day 漏洞,网络管理员需要了解漏洞的原理和利用方法,掌握攻击报文的特征,才能够精确地配置自定义攻击行为信息。如果配置不当,会导致攻击行为信息无效,无法防御攻击行为,甚至影响正常业务。

IPS 特征库中包含了针对各种攻击行为的海量攻击行为信息,但是在实际网络环境中,业务类型可能比较简单,不需要使用所有的攻击行为信息,大量无用的攻击行为信息也容易影响对常用签名的调测。此时可以使用攻击行为信息过滤器将常用的攻击行为信息过滤出来。

攻击行为信息过滤器是若干签名的集合,根据特定的条件,如严重性、协议、威胁类型等,将 IPS 特征库中适用于当前业务的签名筛选到攻击行为信息过滤器中,后续就可以重点关注这些攻击行为信息的防御效果。通常情况下,对于筛选出来的这些攻击行为信息,在攻击行为信息过滤器中会沿用攻击行为信息本身的默认动作。特殊情况下,也可以在攻击行为信息过滤器中为这些签名统一设置新的动作,操作非常便捷。

IPS 特征库中预定义攻击行为信息的动作无法修改,不能按需调整,考虑到各种例外情况,下一代防火墙提供了例外行为信息功能。例外行为信息的优先级高于攻击行为信息过滤器,使用例外行为信息可以为特定的行为信息单独设置动作。例如,发现某些正常的业务报文命中行为信息,被误阻断,可以将该行为信息加入到例外行为信息中,然后调整动作为放行。

IPS 处理流程如图 4-29 所示。

(1)下一代防火墙会首先进行 IP 分片报文重组以及 TCP 流重组,可以有效检测出逃避入侵防御检测的攻击行为。经过应用协议识别后,各种应用的流量已经被识别出来,然后下一代防火墙对流量进行 IPS 检测,将报文特征与 IPS 特征库中的行为信息进行匹配。

(2)报文命中行为信息后,下一代防火墙首先会判断该行为是否属于例外行为,如果属于例外行为,执行例外行为信息的动作;否则进入下一环节处理。

(3)下一代防火墙判断该行为是否属于攻击行为,如果属于攻击行为,执行行为信息

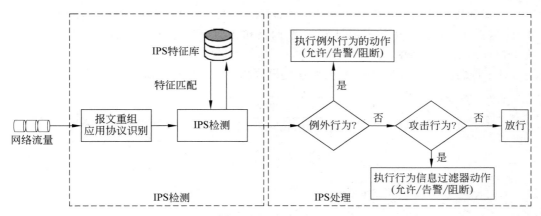

图 4-29　IPS 处理流程

过滤器的动作(当行为信息过滤器的动作为"采用行为信息的默认动作"时,如果报文命中了多个行为信息,以最严格的动作为准);否则进入下一环节处理。

(4) 如果报文命中的行为信息既不属于例外行为也不属于攻击行为,则不会进行 IPS 处理,直接放行。

IPS 的配置不是一件一劳永逸的事情,其防御效果也不能一蹴而就。网络中的威胁是千变万化的,完成 IPS 初始配置后,还要持续不断地调整和维护 IPS 配置,增强防御效果。

部署 IPS 后调整防御策略的方法如图 4-30 所示。IPS 配置完成后,通过监控攻击行为、分析威胁日志等手段,发现防御策略不合理的地方,进而对 IPS 配置做出调整,如修改行为信息过滤器、升级 IPS 特征库,必要的时候还可以使用例外行为信息和自定义行为信息。

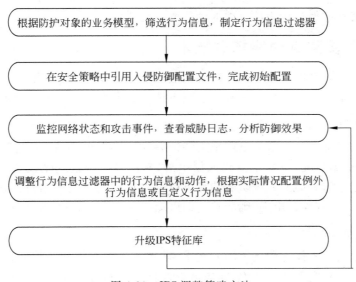

图 4-30　IPS 调整策略方法

入侵和防御之间的斗争是长期的过程,网络管理员不能懈怠,必须密切关注网络安全形势,监控和分析网络中的入侵行为,不断调整和优化 IPS 防御策略,这样才能在最大程度上保证网络的安全性。

IPS 特性涉及多个功能模块,需要这些模块相互配合协作,如图 4-31 所示。

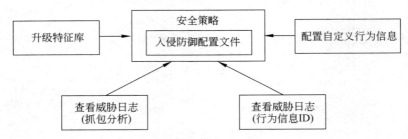

图 4-31　IPS 特性涉及的功能模块

IPS 特性的主体配置是入侵防御配置文件和安全策略。入侵防御配置文件中定义了行为信息过滤器和例外行为信息;安全策略中定义了匹配条件(对哪些流量进行 IPS 检测)、动作(必须为允许),然后引用入侵防御配置文件。

其他几个功能模块的作用如下:

(1)升级特征库可以识别出更多的入侵行为,升级特征库只会更新预定义行为信息,不会影响自定义行为信息。

(2)配置自定义行为信息,以解决预定义行为信息未及时更新而导致的无法识别和防御某些攻击行为的问题,增强网络安全性。

(3)在入侵防御配置文件中开启抓包功能后,可以在威胁日志中下载包括入侵特征的数据包,进一步分析该入侵行为。

(4)查看威胁日志,获取行为信息 ID 加入到例外行为信息中,后续命中该行为信息的入侵行为将会按照例外行为信息中的动作进行处理。

4.5.3　入侵防御功能核心技术

奇安信新一代智慧防火墙的入侵防御功能综合运用多种技术来做到有效检测并及时阻断入侵事件的发生。下一代防火墙通过以下核心技术为用户提供入侵防御服务。

1. 流量学习

入侵行为一般都会与正常流量或报文特征存在一定的差异,但入侵手法并非一成不变,网络黑客会根据情况,不断地变化入侵手法,从而试图绕过安全设备的检测和阻断。奇安信新一代智慧防火墙的入侵防御功能可以针对正常网络的行为特征进行学习,从而产生历史数据,一旦有异常出现,则能够立即启动相应的安全策略,如告警、阻断、反探等。

2. 特征比对

特征比对是当前入侵防御最常用的技术,是当前比较有效和高效的检测方法。奇安信企业安全集团拥有完备的特征库,客户可以选择在线实时更新或离线更新。通常特征比对非常耗费设备性能,随着特征规则中的通配符数量的上升,IPS 产品的性能将受到严重的影响。奇安信新一代智慧防火墙的 IPS 功能充分利用防火墙本身的良好性能,使得入侵防御功能可以良好地运行。

3. 流分类与检测

入侵检测一般有两种数据检测技术:基于文件的检测和基于流的检测。

通常情况下,基于单个报文实施特征检测就可以应付大部分的入侵行为,但是比较狡猾的入侵行为往往将特征分散在不同的报文中,这样基于单包的检测则会失效,这时候就要求入侵防御系统缓存报文并重组成文件实施检测。这种技术的优点是检测准确率较高,缺点是入侵防御功能往往由于性能不足、实时性较差而成为网络中的瓶颈。

而基于流特征的检测解决了基于文件检测的实时性较差和基于单包检测的准确性较差的问题。奇安信新一代智慧防火墙的入侵检测功能结合自身 ACL 的高效分流技术和 Session 的状态跟踪技术,通过跨包检测、关联分析和"零"缓存技术,在基于流的检测方面取得了很好的效果。

4. 抗 DDoS 攻击技术

奇安信新一代智慧防火墙的入侵检测功能采用计算算法和智能防御算法,对攻击行为进行智能分析,动态形成攻击特征库,可有效防御 SYN Flood、UDP Flood、ICMP Flood 等二十多种攻击,保障正常业务不受影响。

奇安信新一代智慧防火墙的入侵检测功能的抗 DDoS 功能模块采用如下几种防御技术:

- 特征识别。通过分析网络流量特征,与特征库比对扫描,可以有效识别常见的攻击。
- 反探校验。在识别和判断是否是攻击的时候,可以验证源地址和连接的有效性,防止伪造源地址和连接的攻击。
- 状态监测。支持简单包过滤、状态包过滤和动态包过滤,可以分别选用这 3 种过滤方法,根据五元组信息进行访问控制。
- 智能学习。奇安信新一代智慧防火墙的入侵检测功能的防御采用多种算法,除了传统的统计丢包算法,还通过智能学习、关联分析等算法使得 SYN Flood、UDP Flood 等的检测具有良好的效果。检查通信过程是否符合 TCP/IP 协议的完整性,并对 HTTP、DNS、P2P 等协议进行深度分析,支持对 SYN/SYN ACK/ACK Flood 攻击、HTTP Get Flood 攻击、DNS Query Flood 攻击、CC 攻击的防御,支持 BT P2P 协议的识别、阻断和限制。
- 连接限制。支持对具体 IP 地址的并发连接和新建连接限制,可根据五元组限制并发连接总数和新建连接速率限制,可防止大规模攻击和蠕虫扩散的发生。
- 流量控制。通过内置的 QoS 硬件引擎,支持最大带宽、保证带宽、优先级,从而有效地实施网络资源的合理分配。

奇安信新一代智慧防火墙的入侵检测功能提供了多种检测模式来保证准确度,并且在不影响网络性能的前提下,向客户提供最佳保护。奇安信新一代智慧防火墙的入侵检测功能使用的检测模式有以下两种:

（1）状态检测（Stateful Detection）。许多攻击试图推翻通信协议状态。基于多年TCP/IP 的研究,奇安信入侵防御系统开发了一个状态检测引擎来分析协议状态,并且防止畸形数据包攻击网络。

（2）基于特征库的检测（Signature-based Detection）。奇安信新一代智慧防火墙的入侵检测功能检测与防御针对应用协议和脆弱系统的攻击,特征库中有超过 4000 条攻击特征。特征库是由网络安全经验丰富的奇安信集团安全研究团队开发制定的。在这种模式下,入侵防御功能模块可以进行漏洞防御、缓冲区溢出检测、木马/后门检测、DoS/DDoS检测、Web 攻击检测、蠕虫检测等。

下一代防火墙通过漏洞防御功能,配合安全策略,可以对特定的网络、服务、应用、用户进行识别,可以对隐藏在正常数据中利用漏洞的异常行为进行阻断。漏洞防御配置文件在添加时,只能对漏洞的一级分类设置针对整个类别的处置动作,用户如果需要对每一个一级分类下的具体漏洞进行精细化的处置时,需要依靠编辑漏洞防御配置文件来完成。

防火墙通过防间谍软件功能,配合安全策略可针对木马后门、病毒蠕虫、僵尸网络对特定网络、服务、应用、用户进行防护,可以拦截间谍软件的攻击行为。防间谍软件配置文件在添加时,只能对间谍软件类别的一级分类设置针对整个类别的处置动作,用户如果需要对每一个一级分类下的具体间谍软件进行精细化的处置时,则需要依靠编辑防间谍软件配置文件来完成。

4.6　病毒防御

随着互联网业务的快速发展,互联网中的内容也日趋复杂,网络渗透者不再仅仅采用一般的、单一的入侵手段,更多的网络攻击结合了病毒等其他攻击手段来全方位地渗透到用户内网中,由于计算机病毒本身所具有的破坏性,常常使用户的计算机、服务器甚至整个网络瘫痪,除了在主机上安装病毒防御软件之外,还需要在整个网络的重点区域及边界区域提供全面而有效的反病毒及监控功能。因此,采用反病毒功能作为应用层过滤的一个防护手段,在下一代防火墙强大的性能支持下,能更加可靠、有效地保护用户内网环境。

奇安信新一代智慧防火墙搭载 QVM 人工智能引擎,能预防 90% 以上的加壳和变种病毒,并支持病毒云查杀技术,可对 HTTP、FTP、SMTP、POP3 和 IMAP 流量进行病毒查杀。下一代防火墙支持通过 HTTP 和 FTP 方式上传、下载的文件、页面或 SMTP、POP3、IMAP 协议发送的电子邮件及其附件等进行病毒扫描,根据扫描结果进行相应的处理并留存病毒样本。除本地及云端病毒库外,自定义的病毒对象可以在反病毒策略中被引用。特殊情况下,还支持病毒例外功能,可将指定的病毒放入白名单中,不进行处置。

4.6.1　病毒基本概念

传统防火墙不能防止感染病毒的软件或文件传输,防火墙本身并不具备查杀病毒的功能。下一代防火墙能够提供辅助决策的信息,具有值得信赖的分析,具有病毒防御的特性。

广义上的计算机病毒指所有的恶意代码,即为达到恶意目的而专门设计的程序或代码。一切旨在破坏计算机或者网络系统可靠性、可用性、安全性和数据完整性或者消耗系统资源的恶意程序都可以称为病毒。随着互联网的不断发展,木马程序成为目前最常见的恶意代码。

木马是指可以非法控制他人计算机或在他人计算机中从事秘密恶意活动的恶意程序。木马一般不会自我繁殖,也并不"刻意"地感染其他文件或破坏系统。它通过自身伪装来吸引用户下载执行,一旦木马感染成功,木马的控制者就可以在被感染主机上进行秘密操控、文件窃取、强弹广告等恶意操作,甚至可以完全远程操控被感染主机。

下一代防火墙要想检测病毒,就必须能识别出报文中的文件。传统防火墙只关注报文的网络层信息,检测深度有限,对报文应用层信息中携带的文件无能为力。而下一代防火墙能够深度识别报文的应用层信息,为检测病毒提供了良好的基础。

病毒一般通过邮件或文件共享等协议进行传播,因此下一代防火墙可以对 HTTP、SMTP、POP3 等多种协议类型的近百万种病毒进行查杀,包括木马、蠕虫、宏病毒、脚本病毒等,同时可对多线程并发、深层次压缩文件等进行有效控制和查杀。

4.6.2　病毒检测

下一代防火墙采用特征对比的方式进行病毒检测。下一代防火墙提取文件特征,与病毒特征库中的特征进行匹配。如果特征一致,则认为该文件为病毒文件;如果特征不一致,则认为该文件为正常文件。因此,病毒特征库中的特征是否全面、精准、有效,决定了病毒检测的效果。由于网络技术发展迅速,每天都在产生新的病毒,原有的病毒也会出现变种,所以必定定期更新病毒特征库,才能够更好地保证病毒检测的精确性。

下一代防火墙反病毒流程如图 4-32 所示。

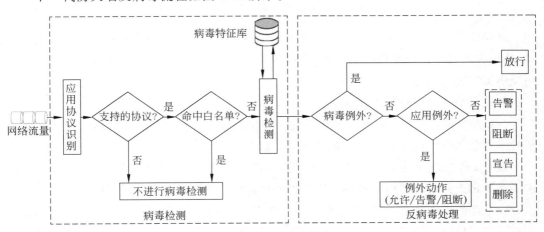

图 4-32　反病毒流程

对反病毒流程说明如下:

(1)流量经过应用协议识别后,如果流量的类型属于支持的文件传输协议类型,则进行下一环节处理;否则不进行病毒检测。

（2）检测流量是否命中白名单，包括域名、URL、源/目的 IP 地址或 IP 地址段规则等信息。如果没有命中，进行下一环节处理；如果命中，则不进行病毒检测。如果想对某个 IP 地址的流量不进行病毒检测，就可以把该 IP 地址添加到白名单中。

（3）对流量中的文件进行病毒检测，将文件特征与病毒特征库中的特征进行匹配。检测病毒时，下一代防火墙提供样本留存功能，当启用该功能时，命中病毒特征的文件或程序等会保存在防火墙的存储空间中作为样本留存。

（4）检测到病毒后，下一代防火墙会判断该病毒文件是否属于病毒例外。如果不属于病毒例外，进行下一环节处理；如果属于病毒例外，则直接放行。

（5）判断病毒文件的应用是否属于应用例外，这里的应用指的是承载于 HTTP 协议的一些应用，如网盘、云盘等，通过应用例外可以为应用配置不同于 HTTP 协议的处理动作。如果属于应用例外，按照应用例外定义的动作进行处理；如果不属于应用例外，则按照协议定义的动作进行处理。

反病毒特性涉及多个功能模块，需要这些模块之间相互配合协作，如图 4-33 所示。

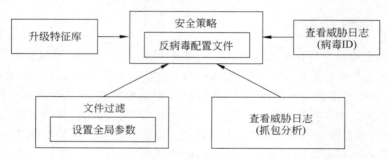

图 4-33　反病毒特性涉及的功能模块

反病毒特性的主体配置是反病毒配置文件和安全策略。反病毒配置文件中定义了协议、传输方向和动作以及病毒例外和应用例外；安全策略中定义了匹配条件、动作，然后引用反病毒配置文件。

其他几个功能模块的作用如下：

（1）升级特征库可以提升病毒检测能力和检测效率。升级特征库包括从云端下载最新的病毒信息以及网络管理员自定义病毒信息。

（2）文件过滤特性中的全局参数包括最大解压层数、最大解压文件大小等，合理设置这些参数将会提高病毒检测效率。文件过滤也是内容安全中的一个重要特性。

（3）查看威胁日志，如果发现某个文件被误报为病毒文件，实际上该文件是安全的，此时可以将该病毒的 ID 填写到病毒例外中，下一代防火墙此后再检测到这个文件时就会直接放行。

（4）在反病毒配置文件中开启抓包功能后，可以在威胁日志中下载病毒数据包，进一步分析病毒特征。

4.7 SSL 解密

当用户访问使用 HTTPS 的网站时,先和网站建立 SSL 连接,然后才进行应用层数据的传输,而且应用层数据都是经过加密的。对于加密后的信息,下一代防火墙无法提取信息,也就无法进行处理。此时下一代防火墙将针对 HTTPS 协议进行 SSL 解密。

下一代防火墙通过替换证书来建立客户端与下一代防火墙、下一代防火墙与 HTTPS 服务器端的两个 SSL 连接,如图 4-34 所示,为了获得 SSL 加密通信的内容,下一代防火墙需要获得加密所使用的会话密钥。下一代防火墙采用的方法是:以代理的身份装成目标服务器,向客户端出示一个伪造的同名服务器数字证书,其目的是使这个伪造的证书通过客户端的检验;然后,客户端就会使用下一代防火墙的伪证书公钥加密自己产生的会话密钥,经过下一代防火墙向服务器发送加密的会话密钥;下一代防火墙收到使用自己的公钥加密的会话密钥后,使用自己的私钥即可解密恢复出明文会话密钥。下一代防火墙在伪装成服务器与客户端建立 SSL 连接的同时,会与真实的服务器建立一个正常的 SSL 连接。以后,对于客户端发出的每个加密的应用级请求,下一代防火墙都会先 SSL 解密成明文,再 SSL 加密发送给服务器。对于服务器返回给客户端的数据,下一代防火墙也是照此处理。

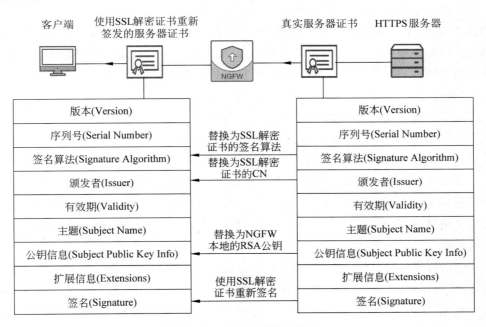

图 4-34 SSL 连接建立过程

4.8 云管端协同联动

持续演进的网络攻击手段给企业和用户带来极大的安全威胁,如由大规模隐蔽性强的僵尸网络发起的 DoS/DDoS 及高级持续性威胁(APT)等高级威胁,还有各种未知的0day 漏洞的攻击等。传统的网络安全防护体系已渐渐无法应对这种复杂多变的安全挑战,云管端突破了传统网络安全防护体系的局限性,可以较好地应对未知威胁和高级威胁。

4.8.1 云管端概述

云管端是一种立体的安全防护解决方案,云、管、端的含义如下。

"云"是一个安全云服务平台,不仅能够提供云沙箱、云查杀、云信誉评估等基础服务,还能针对终端和边界设备上传的异常日志进行全局关联分析、异常行为建模分析,使溯源取证与风险预测可视化。例如,奇安信的天御云是奇安信集团推出的基于大数据的云端产品。

"管"可理解为泛化的网络边界(内网边界和互联网边界),除了部署对外的防御设备(如奇安信新一代智慧防火墙、奇安信上网行为管理设备和奇安信 WAF 设备等),还应在内网中部署行为审计设备,加强内部人员违规行为监控。

"端"指终端设备,包括 PC、服务器、智能移动终端等设备,是距离应用系统和数据最近的设备,是重要的风险引入点,因此需要在终端部署杀毒和管控策略,例如奇安信天擎终端安全管理系统(以下简称奇安信天擎)。奇安信新一代智慧防火墙和奇安信天擎联动以结合边界防护和终端防护各自的优势,使得终端的安全状况直接与其网络访问权限相挂钩,更精细地对用户网络访问权限进行管控。具体原理如图 4-35 所示。

奇安信天擎支持对 PC 终端进行扫描,并对其安全性进行综合评定。然后将终端扫描结果发送到防火墙。防火墙支持与奇安信天擎系统进行联动,根据奇安信天擎对终端的综合评定,并结合安全策略,控制终端的网络行为。

边界安全为终端和云服务平台提供了一个可靠的"桥梁"。内网边界是针对企业内部专用网络的边界,利用感知系统和终端准入控制企业内部用户权限,获取 PC 端或服务器端的异常信息,对获取的数据进行关联分析,将分析检测结果发送到用户终端以抑制恶意行为的发生。

互联网边界作为"网络大门",承载着所有访问互联网的进出流量。互联网边界安全需要解决"内忧外患"的问题,对内要规范企业员工合规上网的问题,对外要防御来自外部的攻击行为,保护企业 ERP、OA、CRM、企业邮箱等重要业务系统的正常运行。因此,互联网边界安全是企业安全防护体系的重要阵地。例如奇安信新一代智慧防火墙是一款创新型边界安全产品,兼具复杂环境组网、深度应用识别、精细化访问控制以及高性能应用层威胁防御等能力,并集成了互联网威胁情报、异常行为分析、安全可视化等新一代安全

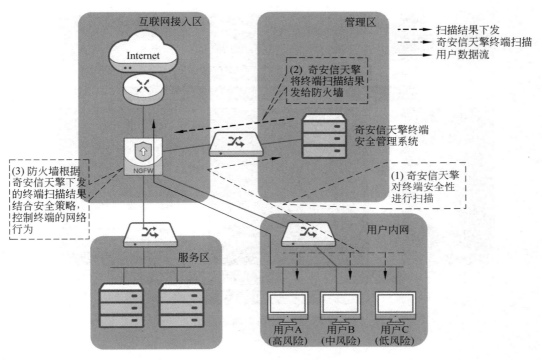

图 4-35　奇安信天擎终端安全管理系统管控原理

技术,可为多分支企业提供一体化的安全组网和边界防护解决方案。

4.8.2　云管端动态协同防御

云管端协同联动是下一代网络安全架构区别于传统安全架构的核心能力,3 个环节彼此依赖,协同防御。云管端协同联动过程如图 4-36 所示。

首先在终端安全防护方面,终端设备在遇到未知威胁或异常样本时,通过云查杀获得分析结果,能够及时更新本地的防护策略。终端设备无论访问内网中的资源还是互联网上的资源,都需与边界设备联动,严格按照边界设备的防护策略进行控制;边界设备实时将安全日志、异常行为日志、灰度 URL 样本、异常流量日志上传至云端;云平台能够提供实时云信誉查询服务,还能够利用外部威胁情报、终端和边界设备的异常日志进行大数据分析,发出攻击预测报警,实现云管端智能协同、主动防御。

奇安信天擎具有终端安全防御、云端公有/私有云查杀的功能特性,与奇安信天眼和奇安信天机相结合,便可以构成云管端的整体防御体系。通过在网络边界、终端系统部署查杀设备与查杀软件,同时结合云端查杀的多点立体布防,可实现对已知病毒及恶意代码、未知病毒及恶意代码、利用已知漏洞和 0day 漏洞(未知漏洞)发起的攻击渗透乃至利用上述技术手段发起的 APT 攻击行为进行深度检测与精确阻断,从空间维度上做到立体布防,层层防御。

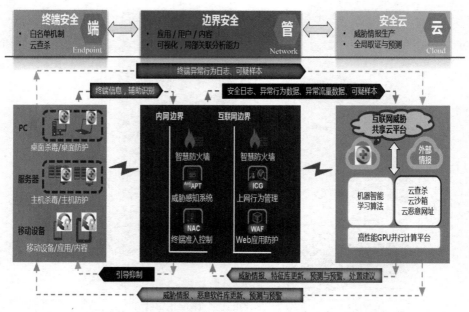

图 4-36　云管端协同联动过程

4.9　基于网络的检测与响应

近年来,随着信息价值的不断提升,企业的数据面临越来越多的安全威胁,但传统的安全手段用来解决已知威胁的方式并不能真正保护用户的数据安全。高级威胁往往可以利用合规数据绕过传统的各种安全防御手段并成功窃取数据。因此,用户迫切需要一个新的安全体系来对未知威胁进行防范与跟踪。相对于传统安全体系而言,奇安信新一代智慧防火墙不断补充传统安全性能及精准度,提升已知威胁识别效率,同时结合奇安信集团大数据挖掘技术及在数据安全分析中的积累,建立了由大数据驱动,基于网络的检测与响应(简称 NDR)的体系。从而针对未知威胁形成了一套基于互联网及用户自身网络的动态数据检测、动态行为检测、动态处置响应的防御闭环。

4.9.1　NDR 的基础——数据驱动

数据驱动安全,需要本地数据与外部数据支持,如果仅有本地数据,很难找出异常。只有用本地数据与来源更为广泛的外部安全大数据对比,才能发现问题。多维度的本地数据和外部数据关联分析能够为数据回溯提供支撑,为最后的处置响应提供威胁检测依据。

1. 本地数据的获取

本地数据是依赖设备本身的应用识别能力、用户识别能力、内容识别能力、威胁识别能力及资产识别能力产生的。目前可获得的本地数据类型包括流量数据(五元组、源用

户、地理位置、应用名称、应用分类、应用风险、收发流量、会话条数、源目资产)、域名数据
(域名、解析地址、DNS 类型、CNAME、分类)、URL 数据(URL、分类、子分类、目的国家、
资产类型)、威胁数据(威胁名称、威胁类型、持续时间、严重性、攻击者、受害者、命中数、样
本 MD5、检测方式)、行为数据(行为协议、行为类型、动作、时间)、传送数据(文件名称、文
件类型、内容类型、关键字)及邮件数据(邮件主题、发件人、收件人、抄送)等,如图 4-37 所
示。举例来说,一般的下一代防火墙对网络数据进行判别后,会形成 20 多类行为数据,而
奇安信新一代智慧防火墙则会形成 50～60 类。

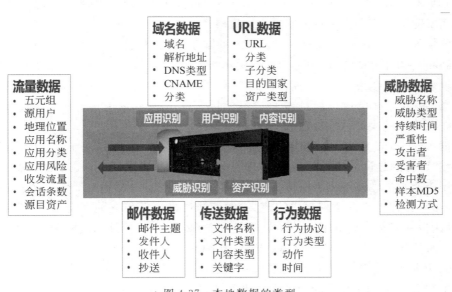

图 4-37　本地数据的类型

2. 外部数据的利用

外部数据是指除本地设备产生的数据以外的数据,如安全云端提供特征库升级数据、
病毒云查杀结果、情报对撞结果(防火墙上传日志、推送情报),以及威胁感知系统或沙箱
检测提供的安全防护策略等。

4.9.2　安全问题发现

目前奇安信新一代智慧防火墙对安全威胁问题的发现技术主要有威胁签名检测、威
胁情报对撞匹配、异常行为建模分析、可疑文件沙箱检测和终端恶意特征协同等。

1. 威胁签名检测

威胁签名用于描述检测威胁所需要的特征。当一种威胁被发现以后,签名研究人员
会基于具体的威胁签名提取这个威胁的特征。

所谓基于具体威胁,就是指一个威胁出现后,研究人员专门针对这个威胁的特征来编
写签名。这类签名能够防御的范围非常狭窄,往往只能防御一种特定的威胁。要躲开这
样的签名非常容易,只要修改威胁中的特定字符串就行了。举一个简单的例子,如果有一

个签名寻找 FUBAR123 这个特定字符串,那么只要修改一些大小写或者数字,比如 fU-BAR124,原先的签名就失效了。如果签名是基于某种特定的威胁,那么攻击者只要稍微修改一下这个模式,就能完全躲开检测了。基于具体威胁的签名开发周期非常短,对研究人员的技能要求也较低,这使得厂商能够在很短时间内响应突发的新型攻击。

2. 威胁情报的利用

如今,多数企业已经意识到,威胁情报是针对高级网络攻击的有力武器。根据 Gart-ner 分析师 Rob McMillan 和 Khusbu Pratap 的调查,到 2018 年,全球 60％的大型企业将使用商用威胁情报服务帮助自己制定安全策略。

威胁情报(Threat Intelligence,TI)是一种基于证据的描述威胁的一组关联的信息,包括威胁相关的环境信息、威胁采用的手法和机制、指标、影响以及行动建议等。与传统的单维度病毒库或信誉库不同,威胁情报包括一系列关于攻击或威胁的信息,可以了解威胁的全貌,并可以抽象成可机读威胁情报(Machine-Readable Threat Intelligence,MR-TI),用于制定应对决策,并对威胁进行响应。

根据 Gartner 的定义,威胁情报是一种基于证据的知识,包括上下文、机制、指示标记、启示和可行的建议。威胁情报描述了现存的或者即将出现的针对资产的威胁或危险,并可以用于通知主体针对相关威胁或危险采取某种响应。

Gartner 给出的是一个理想化的定义,对威胁情报应该包含的信息提出了明确的要求,可以认为是广义的威胁情报。事实上,对于一般的企业,从外部威胁情报供应商所能获得的威胁情报指的是入侵指示标记(Indicator Of Compromise,IOC),典型的 IOC 有文件 Hash、IP 地址、域名、程序运行路径、注册表项等。IOC 可以让用户了解威胁的全貌,而且 IOC 数据可以被网络安全设备和主机安全软件读取和使用。

本地数据和外部数据的利用,意味着大量威胁情报的产生。基于威胁情报,可以实施更有针对性的威胁检测和更及时的安全响应。具体的情报利用流程如下:

(1) 定向:情报定义。

(2) 收集:从多种开放或封闭的源收集本地数据和外部数据。

(3) 处理:进行情报可靠性的评估,核对多个源(数据来源)。

(4) 分析:判断此情报的意义,评估情报的重要性,推荐相应措施。

(5) 传递:将情报传递给终端。

(6) 反馈:依照需求调整策略,及时对设备终端进行安全响应。

目前威胁情报主要用途有:在出口处(如防火墙)拦截恶意域或 IP 地址;为调查或事件评估提供上下文;检查 DNS 服务器日志,以发现恶意域或 IP 地址;异常行为建模分析。

沙箱是完全隔离的、轻量的虚拟化技术程序,允许用户在虚拟环境中运行浏览器或其他程序,因此运行所产生的变化可以随后复原。它创造了一个类似沙箱的独立作业环境,在其内部运行的程序并不能对硬盘产生永久性的影响。沙箱是一个独立的虚拟环境,可以用于测试不受信任的应用程序或上网行为。

奇安信云沙箱检测服务首次将传统威胁防御技术与高级威胁防御技术相结合。用户只要在奇安信新一代智慧防火墙、下一代入侵检测系统上增加订阅云沙箱检测服务,即可轻松拥有恶意软件防御能力。奇安信云沙箱检测服务通过静态启发式技术和动态虚拟执行环境检测技术,动静结合,可实现每天百万级文件检测量。用户通过在线订阅该服务,可以快速获取全球最新威胁情报及在线专业安全服务支持,实现高危样本的深度检测。云沙箱检测服务仅为硬件沙箱成本的 1/5,大大降低总拥有成本(TCO)和后期本地维护费用。同时,云沙箱检测服务将企业部署时间缩短到 1 天以内,降低了企业 IT 环境数据泄露风险。

4.9.3　分析与响应中心

为了尽可能了解一个威胁带来的所有危害,可通过对设备的应用、威胁、IP 地址或用户进行多维度的关联分析,查询与这个设备相关的所有信息。例如,通过递进式的查询,快速钻取某类威胁的相关信息,包括这类威胁的载体是哪种应用,谁发起了这类威胁,谁遭受了这类威胁,等等。把分析的结果关联到日志上,日志信息中含有威胁有关的应用 ID、用户 ID 和内容 ID,但更重要的是,通过关联日志可把流量经过设备各功能模块检测时所产生的信息关联起来,从而回溯攻击的全过程,分析问题所在。

当发现、分析工作做扎实后,处置将自然而然变得简单、高效。奇安信新一代智慧防火墙提供了处置响应的配置接口,包括以下 3 点:

(1) 处置受害 IP 地址:即隔离这个 IP 地址所有的网络访问。

(2) 处置 IOC:即阻断所有 IP 地址访问这个已确认的攻击源。

(3) 事件告警:即在检测到安全威胁信息时向终端发出警告,提醒终端用户及时更新漏洞补丁,预防 0day 漏洞产生的未知威胁。

4.10　安全运维管理

在防火墙安全运维管理中,无论是自身设备的安全管理,还是辅助其他设备进行安全管理,如日志分析、统计报表分析等,都在防火墙中有至关重要的作用。本节从运维管理、安全审计、高可用性 3 个方面对防火墙安全运维管理进行介绍。

4.10.1　运维管理

防火墙的运维管理是指对自身设备的安全管理,是保障防火墙正常、安全运行,保护网络边界安全的重要条件。

防火墙应支持对授权管理员的口令鉴别方式,并保证口令设置满足安全要求。防火墙应在所有授权管理员、可信主机、主机和用户请求执行任何操作之前,对每个授权管理员、可信主机、主机和用户进行唯一的身份鉴别。此外,防火墙还需要区分管理员角色,为不同的管理员角色分配不同的管理权限。

奇安信新一代智慧防火墙支持超级管理员、策略管理员和审计管理员三权分立管理,不同的管理员拥有不同的管理权限。此外,智慧防火墙还支持自定义管理员权限。

4.10.2　安全审计

安全审计是指对设备中与安全有关的活动的相关信息进行识别、记录、存储和分析。安全审计的记录用于检查网络上发生了哪些与安全有关的活动。

防火墙的安全审计功能应记录被防火墙策略允许和禁止的访问请求、试图登录防火墙设备管理端口和管理身份鉴别请求、防火墙重要管理配置操作请求及检测到的攻击行为等事件，并将事件发生的具体时间、事件主体及攻击事件的详细描述以日志形式存储，以此来记录设备中的异常事件，为事故处理、事件关联、入侵检测等诊断提供帮助。

日志分析可分为人工日志分析和自动化日志分析两类。人工日志分析要求运维人员每天在固定时间以固定的时间长度手工检索和分析日志文件，人工日志分析单调乏味，业务性强。自动化日志分析是指设备对自身日志进行分析并将分析结果展示给设备用户。此外，还可将设备和日志分析与管理设备关联，将日志文件发送给功能更强的日志分析与管理设备进行分析处理。

防火墙的安全审计功能应提供对日志的统计分析和生成日志报表的功能，日志报表的目的是将防火墙近期所收集和分析的结果以报表的形式呈现给设备管理员，使其了解近期网络的基本情况，对未来的发展有一定的规划。日志报表有预定义报表和自定义报表两类。预定义报表是设备设置的通用报表，不允许用户对其进行添加、修改和删除；而自定义报表允许用户根据自身需求对报表结构进行添加、修改等。

奇安信新一代智慧防火墙提供了网络分析、威胁分析、阻断分析、日志输出、统计分析等安全审计功能。

（1）网络分析。以应用程序、用户、IP 地址、国家/地区为主视角，通过字节数、会话、威胁、内容、URL 5 个维度排名统计，展示用户网络当前的活动状态及策略使用情况，定位网络中的异常行为。

（2）威胁分析。以威胁活动、访问恶意 URL 的主机、访问恶意域名的主机等为主视角，关注防火墙捕捉到的网络中的高级威胁行为。从而判断内网中是否有主机已经失陷，或防火墙当前的安全策略是否存在安全漏洞。

（3）阻断分析。通过展示应用、用户、威胁、内容、域名、URL 的阻断事件，帮助用户判断网络中的恶意行为及有问题的用户以及安全策略中是否存在误拦截正常行为的情况。

（4）日志输出。支持流量日志、威胁日志、域名日志、URL 过滤日志、邮件过滤日志、行为日志等多维度中文可视化分析和日志外发，并支持基于 IP 地址、用户、接口、地区、应用等多种过滤条件模糊搜索指定时间段内的历史日志。

（5）统计分析。支持按应用、IP 地址、用户等类型对指定时间范围内的字节数、会话数进行排序，支持基于接口、安全域的新建连接数、并发连接数的历史统计，支持基于网络中的流量趋势及增长应用、下降应用、带宽消耗、威胁的排行统计，并支持威胁地图，帮助用户了解网络中基于地理位置的威胁分布。

4.10.3　高可用性

高可用性(High Availability,HA)是保证业务连续性的有效解决方案,一般有两个或两个以上的节点,且分为活动节点及备用节点。通常把正在执行业务的节点称为活动节点,而作为活动节点的备份的节点则称为备用节点。当活动节点出现问题,导致正在运行的业务(任务)不能正常运行时,备用节点就会侦测到这一情况,并立即接续活动节点来执行业务,从而实现业务不中断或短暂中断。

高可用性是通过系统的可靠性(reliability)和可维护性(maintainability)来度量的。通常用平均无故障时间(Mean Time To Failure,MTTF)来度量系统的可靠性,用平均维修时间(Mean Time To Repair,MTTR)来度量系统的可维护性。

高可用性可防止网络中由于单个防火墙的设备故障或网络故障导致网络中断,保证网络服务的连续性和安全强度。目前,高可用性功能已经是防火墙的一个重要组成部分。

1. 双机热备

防火墙高可用性也称双机热备,指基于两台设备的高可用性。双机热备工作中的切换模式可分为 A-P(Active-Passive,主-备)模式与 A-A(Active-Active,主-主)模式。

1) A-P 模式

A-P 模式是指一台设备处于某种业务激活状态(工作机),另一台设备处于该业务的备用状态(备用机)。系统在正常情况下,工作机为系统提供支持,备用机监视工作机的运行情况。当工作机出现异常,不能支持系统正常运行时,备用机则主动接管工作机的工作,继续支持系统的运行,从而保证系统不间断运行,不中断业务。当工作机修复后再切换回来。如图 4-38 所示,工作机和备用机通过心跳线连接,备用机实时监视工作机的情况,当工作机出现问题,备用机就接管工作。

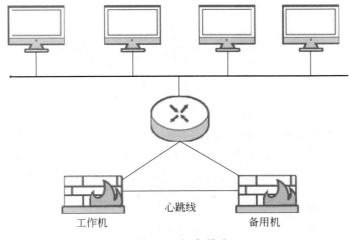

图 4-38　主-备模式

　　在这个状态下,一个防火墙响应 ARP 请求,并且转发网络流量;另一个防火墙处于备用状态,不响应 ARP 请求,也不转发网络流量。主备之间同步状态信息。当工作防火墙宕机或网线故障时,进行主备切换。

　　防火墙双机热备功能最大的特点在于提供一条专门的备份通道,用于两个防火墙之间协商主备状态以及备份会话、Server-map 表等重要的状态信息和配置信息。双机热备功能启动后,正常情况下,两个防火墙会根据管理员的配置分别成为工作设备和备用设备。成为工作设备的防火墙会处理业务,并将设备上的会话、Server-map 表等重要状态信息以及配置信息通过备份通道实时同步给备用设备。成为备用设备的防火墙不会处理业务,只是通过备份通道接收来自工作设备的状态信息和配置信息。

　　2) A-A 模式

　　A-A 模式也称双主模式,是指两种不同业务分部在两台工作机上互为主备状态。在正常情况下,两台工作机均为系统提供支持,并互相监视对方的运行情况。当一台工作机出现异常,不能支持系统正常运行时,另一台工作机则主动接管异常机的工作,继续支持系统的运行。这样就保证了系统不间断运行,达到永不停机的目的。异常机经过维修恢复正常后再继续运行。如图 4-39 所示,两台工作机都参与工作,并且通过心跳线实时监视对方,保证系统正常运行。

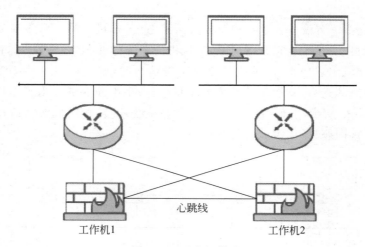

图 4-39　双主机模式

　　A-A 模式下,两个防火墙并行工作,都响应 ARP 请求,并且都转发网络流量;双机之间同步状态信息,当一个防火墙宕机或网线故障时,进行切换,由另一防火墙转发网络流量。A-A 模式可以提高数据包处理的吞吐量,平衡网络负载,优化网络性能。

2. 双机热备原理

　　防火墙的双机热备功能是在虚拟路由冗余协议(Virtual Router Redundancy Protocol,VRRP)的基础上扩展而来的。VRRP 是一种容错协议,它保证当主机的下一跳路由器出现故障时,由备份路由器自动代替出现故障的路由器完成报文转发任务,从而保持网络通信的连续性和可靠性。

如图 4-40 所示,将局域网内的一组路由器划分为一个 VRRP 备份组,相当于一台虚拟路由器,这台虚拟路由器有自己的虚拟 IP 地址和虚拟 MAC 地址。所以局域网内的主机可以将默认网关设置为 VRRP 备份组的虚拟 IP 地址。在局域网内的主机看来,它们就是与虚拟路由器进行通信的,然后通过虚拟路由器与外部网络进行通信。

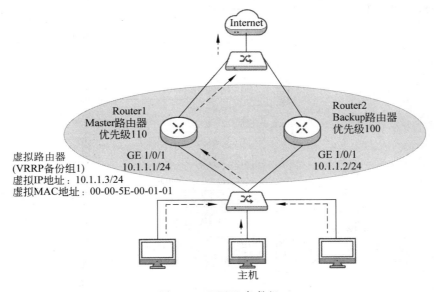

图 4-40 VRRP 备份组

VRRP 备份组中的多个路由器会根据管理员指定的 VRRP 备份组优先级确定各自的 VRRP 备份组状态。优先级最高的 VRRP 备份组状态为 Master,其余 VRRP 备份组状态为 Backup。VRRP 备份组的状态决定了路由器的主备状态。VRRP 备份组状态为 Master 的路由器称为 Master 路由器,VRRP 备份组状态为 Backup 的路由器称为 Backup 路由器。当 Master 路由器正常工作时,局域网内的主机通过 Master 路由器与外界通信;当 Master 路由器出现故障时,一台 Backup 路由器(VRRP 优先级次高的)将成为新的 Master 路由器,接替转发报文的工作,保证网络不中断。

由于 VRRP 备份组是相互独立的,当一台设备上出现多个 VRRP 备份组时,它们之间的状态无法同步。这个问题导致 VRRP 协议不适用于防火墙。为了解决多个 VRRP 备份组状态不一致的问题,奇安信新一代智慧防火墙引入 SGMP(SecGate Group Management Protocol)来实现对 VRRP 备份组的统一管理,保证多个 VRRP 备份组状态的一致性。将防火墙上的所有 VRRP 备份组都加入到一个 SGMP 组中,由 SGMP 组来集中监控并管理所有 VRRP 备份组的状态。如果 SGMP 组检测到其中一个 VRRP 备份组的状态有变化,则 SGMP 组会控制组中的所有 VRRP 备份组统一进行状态切换,保证各 VRRP 备份组状态的一致性。

如图 4-41 所示,在工作防火墙上将 VRRP 备份组 1 和 VRRP 备份组 2 都加入状态为 Active 的 SGMP 组,在备用防火墙上将 VRRP 备份组 1 和 VRRP 备份组 2 都加入状态为 Standby 的 SGMP 组。由于 SGMP 组的状态决定了组内 VRRP 备份组的状态,所以工作防火墙上的 VRRP 备份组 1 和 2 的状态都为 Active,备用防火墙上的 VRRP 备份组 1 和 2 的状态都为 Standby。这样工作防火墙就是 VRRP 备份组 1 和 VRRP 备份组 2 中的 Active 路由器(也就是两个防火墙中的工作设备),而备用防火墙就是它们的 Standby 路由器,所以上下行的流量都会被引导到工作防火墙转发。

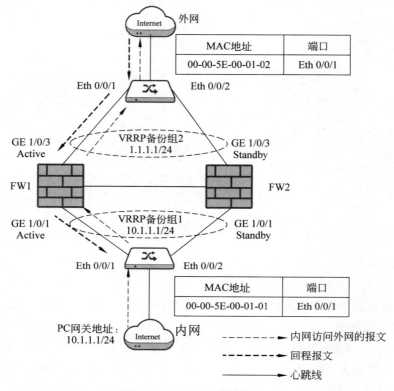

图 4-41　SGMP 组备份原理

3. 下一代防火墙 HA 部署

下一代防火墙支持双机热备功能,起到设备冗余与负载均衡的作用。在这种环境中,下一代防火墙以透明模式或者路由模式部署在网络中。每台设备上指定的通信网口在同一个局域网内,下一代防火墙之间即可实现同步。下一代防火墙 A-A 模式的实际部署如图 4-42 所示。

为了使网络稳定可靠,下一代防火墙支持两台设备以 A-P 模式运行。两台设备通过心跳线相连,一主一备,当主设备发生故障时自动切换到备用设备。下一代防火墙 A-P 模式的实际部署如图 4-43 所示。

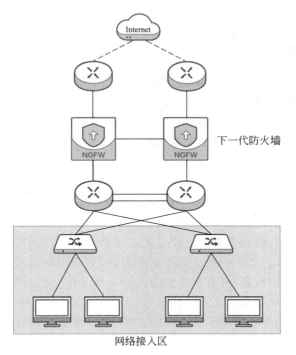

图 4-42　下一代防火墙 A-A 模式的实际部署

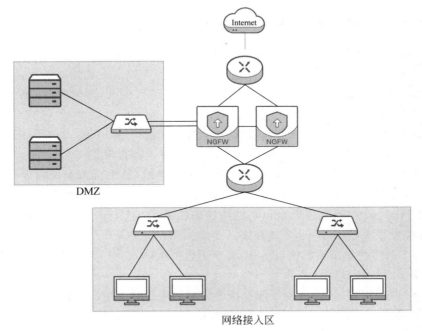

图 4-43　下一代防火墙 A-P 模式的实际部署

4.11 虚拟防火墙

当需要为更多的业务服务器、业务部门提供安全防护时,采购更多的防火墙虽然能解决问题,但是增加了网络的复杂度,也为网络维护人员增加了更多的工作量。虚拟系统的设计就是为了在不增加额外防火墙的前提下,为更多的业务服务器、业务部门提供相互隔离的安全防护功能。虚拟系统不需要对现有的网络环境进行大规模变动,通过防火墙的虚拟系统功能,可以灵活地搭建虚拟环境,实现各个业务服务器、业务部门的安全隔离与访问控制。

虚拟系统可以在一个单一的硬件平台上提供多个虚拟的防火墙实例,每个虚拟实例都具备独立管理、独立配置、独立安全策略、独立路由表等功能,是逻辑意义上完全独立的安全设备。它可以在一台物理设备上虚拟出多台逻辑分离的虚拟设备,每一个虚拟设备都具备单独的操作系统,可以实现独立的数据转发、内容检测和管理配置,在用户看来就是一台完全独立的防火墙设备,拥有和物理防火墙一样全面的安全防护功能。

本节介绍的虚拟防火墙和1.2.2节介绍的云端虚拟化技术不同。云端虚拟化技术无须购置硬件防火墙设备,是购买基于云端的防火墙服务;而虚拟防火墙是已经购置硬件防火墙设备,将一台硬件防火墙设备虚拟化为多个虚拟的防火墙设备,每个虚拟的防火墙设备在用户看来就是一台完全独立的防火墙设备,拥有和物理防火墙一样全面的安全防护功能。

4.11.1 虚拟系统的基本组成

奇安信新一代智慧防火墙虚拟系统由根虚拟系统、子虚拟系统以及虚拟系统接口组成。

根虚拟系统(root-vsys)是系统默认的虚拟系统,不可创建,不可删除,拥有防火墙的所有功能。

由根虚拟系统管理员创建出来的虚拟系统都是子虚拟系统(vsys)。子虚拟系统在逻辑上就是一台独立的防火墙,可以进行独立的管理、独立的配置等。

虚拟系统接口(vge1)是由各虚拟系统管理员创建的,每个虚拟系统只能创建一个虚拟系统接口,并且虚拟系统管理员只能创建自己管理的虚拟系统的虚拟系统接口。例如,根虚拟系统 root-vsys 的管理员 admin 创建的虚拟系统接口 vge1 属于根虚拟系统 root-vsys,并且根虚拟系统 root-vsys 只有这一个虚拟系统接口;子虚拟系统 vsys1 的管理员 admin_vsys1 创建的虚拟系统接口 vge1 属于子虚拟系统 vsys1,并且子虚拟系统 vsys1 只有这一个虚拟系统接口。

虚拟系统接口是在各个虚拟系统直接进行内部通信时使用的。它模拟了一台内部的虚拟三层交换机,虚拟系统之间通信时不需要进行外部物理接口连接。

4.11.2 虚拟系统管理及配置

与实际物理系统相同,虚拟系统同样需要配置与管理,以保障功能可以正常运行。

虚拟系统通过管理员进行系统管理。虚拟系统管理员包括根虚拟系统管理员和子虚拟系统管理员。

根虚拟系统管理员是权限最大的管理员,只有该管理员可以创建、删除虚拟系统,并对虚拟系统进行资源控制。也只有根虚拟系统管理员可以将接口划分给各虚拟系统。对于部分全局功能而言(即根虚拟系统下有而子虚拟系统下没有的功能,如高可用性),只有根虚拟系统管理员可以进行配置。根虚拟系统可以有多个管理员。根虚拟系统管理员可以管理所有虚拟系统。

子虚拟系统管理员只能管理对应的子虚拟系统,且对于部分全局功能(如高可用性)没有配置权限。子虚拟系统管理员具有如下权限:

(1) 根虚拟系统管理员创建子虚拟系统管理员,并指定给某个子虚拟系统。

(2) 一个子虚拟系统管理员只能管理一个其所属的子虚拟系统。

(3) 子虚拟系统可以有多个子虚拟系统管理员。

(4) 子虚拟系统管理员可以在物理上的任意接口(非其所属的子虚拟系统的接口也可以)进行登录,并管理其所属的子虚拟系统。例如,子虚拟系统 vsys2 下有一个子虚拟系统管理员 admin_vsys2,物理接口 ge2、ge3 属于子虚拟系统 vsys2。管理员 admin_vsys2 可以通过任意一个物理接口登录,对 vsys2 进行管理。

一个虚拟系统内最多可以设置 256 个管理员。

对虚拟系统的资源配置主要是设置最小值和最大值。

(1) 资源配置最小值:预留给该子虚拟资源的资源,当剩余的系统资源不够分配给该子虚拟资源时,创建该子虚拟资源会失败。资源按百分值进行分配,范围为 0~100。资源配置最小值为 0 时,代表不为该子虚拟资源预留资源。

(2) 资源配置最大值:当有资源未被其他子虚拟资源占用,未预留给其他子虚拟资源时,该子虚拟资源能占用但不会超过的最大资源配置。资源按百分值进行分配,范围为 1~100。

4.12　集中管理

集中管理可以简化防火墙的管理,同时提高区域安全性。在奇安信新一代智慧防火墙中,用户可以使用 SMAC(Security Management Analysis Center,安全管理分析中心)对其进行集中管理。SMAC 可以实现向防火墙统一下发对象、安全策略、系统升级包、特征库升级包及获取防火墙配置等功能。

SMAC 是奇安信新一代智慧防火墙的重要组件,它能够对网络各关键部位的防火墙设备进行统一集中管理,提供对防火墙设备的实时监控、安全事件分析、配置文件与系统文件的统一管理等,支持对防火墙的系统日志、域间访问控制日志、攻击日志、NAT 日志、流量日志等的收集与报告分析。使用 SMAC 功能不仅可简化防火墙日常管理工作,更便于管理员直观地掌控网络安全事件,并对未来整网安全趋势做出判断。

集中管理有以下几大功能。

1. 全网统一监控

SMAC 集中管理提供对整网安全事件的实时监控,集中采集并显示各种攻击、用户访问控制等事件,实时显示近期安全事件状态,并提供基于攻击事件的源地址和目的地址等列表,为用户提供当前网络安全事件的概览信息,帮助管理员直观地了解最新安全状况,实时监控正在发生的安全事件,对安全威胁做出快速排查,保障整网的安全性。

2. 策略批量下发

SMAC 集中管理支持管理人员通过一次配置实现全网指定设备上相关策略的下发和更新,既方便了管理,又确保了策略的一致性。如果某些分支设备的部分配置较为“个性化”而与其他设备配置不同,管理者同样可以通过 SMAC 集中管理对此类设备进行单独编辑和配置的单独下发,从而实现集中化和个性化的灵活性要求。

3. 违规配置核查

SMAC 集中管理基于资源的角度,对系统软件与配置文件采用库的管理方式,支持对系统软件与设备配置文件的变更进行查看与审计,可以及时阻断违规配置。支持对系统软件、设备配置的批量升级、备份与恢复,支持任务调度机制等管理,能够保障网络整体运行安全,及时发现网络和系统主机的故障和性能瓶颈。

4. 全局日志审计

SMAC 集中管理可从异常流量日志、黑名单日志、NTA 日志、域间访问控制日志、VPN 日志、系统操作日志等多方面来对网络安全事件进行跟踪与分析,直观了解安全事件的来源、目的地等行为状况,详细记录攻击事件、异常流量、非法访问、非法系统操作等,帮助管理员了解网络攻击、异常流量状况,并对用户操作进行跟踪,便于事后审计和追踪。

同时,SMAC 集中管理提供了强有力的搜索查询能力,能够从海量的历史数据中,基于设备、时间、事件类型、协议、攻击级别、源/目的 IP 地址、端口号等多维度定义进行快速查询。例如,通过对攻击类型的查询,可得到以时间顺序排列的攻击者的源 IP 地址、目的 IP 地址、端口号、协议号、详细事件信息等的事件记录。

5. 分权分域管理

SMAC 集中管理支持管理员分权分域管理。SMAC 集中管理将下一代防火墙设备划分到不同区域中,同时为不同的管理员配置不同的区域管理权限,从而实现超级管理员、管理员的分级管理结构,增强了管理的灵活性。

思 考 题

(1) 防火墙的一体化安全策略中都有哪些维度的匹配条件?

(2) 什么是访问控制?简述访问控制基本模型。

（3）简述下一代防火墙针对 SYN Flood、UDP Flood 和 HTTP Flood 的防御原理。

（4）简述下一代防火墙反病毒和反间谍功能的流程和基本原理。网络入侵技术有哪些？简述其攻击原理。

（5）简述云管端协同机制。"云""管""端"分别指什么？

（6）简述基于网络的检测与处置的工作原理。

（7）防火墙双机热备包括几种方式？实现双机热备主要有几种协议？简述双机热备原理。

（8）简述虚拟防火墙的工作机制。基于硬件的虚拟防火墙和基于云端的虚拟防火墙有何不同？

第 5 章

典 型 案 例

前 4 章介绍了防火墙的原理、技术、网络部署以及防火墙应用。本章介绍下一代防火墙应用案例。本章针对各应用不同的应用背景和安全需求,分析其存在的安全问题,提出不同的解决方案,同时以奇安信新一代智慧防火墙为例,展示多种部署方式。

5.1 企业互联网边界安全解决方案

5.1.1 背景及需求

1. 应用背景

随着计算机、宽带技术的迅速发展,网络办公日益流行,互联网已经成为人们工作、生活、学习中不可或缺、便捷高效的工具。越来越多的企业的正常运营依赖于网络的高效、稳定。而互联网宽松自由的特点,也使其成为恶意组织、黑客对企业实施攻击的通道。

边界安全是企业安全防护体系的重要阵地,同时互联网边界是企业网络的第一道防线,也是最后一道防线。

2. 用户需求

1) 防止互联网访问中造成恶意攻击

我国面临的攻击威胁极为严重,而互联网作为我国最大、使用最广泛的网络往往承受着更多、更高级的攻击威胁。

为了避免攻击者从互联网边界入侵企业的内网,在企业接入互联网后,一方面要避免内网用户访问钓鱼网站和被植入恶意软件(木马、病毒、勒索软件)、访问恶意 URL 等威胁,另一方面要加强对高级持续性威胁的监控与拦截。

2) 防止员工违规访问引发的企业风险

尽管互联网提供了许多有价值的信息资源,但由于互联网本身所固有的开放性、国际性和无组织性,使网络上充斥着不良信息。要健康、合法地使用互联网,需要做到下面几点:

(1) 禁止企业员工访问宣传反动言论、色情、在线赌博、恐怖暴力以及封建迷信的站点。

(2) 管理员工上网行为,禁止员工在上班时间使用 P2P 下载、炒股、进行网络视频聊天、玩游戏等,提升员工的工作效率,合理使用带宽资源。

（3）防止员工在发帖、网络聊天中在网上发布违法违规内容,要避免涉及政治敏感话题、分裂主义等不利于社会稳定的违法违规言论从企业内部发布到互联网,降低企业的法律风险。

（4）及时发现并阻止可能与商业或研发机密有关的信息外泄,减少机密外泄风险。并且在及时阻止的同时记录日志,实现事后追责。

3）精准定位内部的失陷主机

失陷主机是指被攻击者成功侵入,行为特征符合"受到控制"或"发起恶意行为"的主机。当前,失陷主机已相当普遍,权威机构的一项研究表明,在 PC 数量超过 5000 台的大型企业网络中,有超过 90% 的企业均存在活跃的失陷主机,而攻陷这些主机的手法多种多样。此外,由于失陷主机受控或发起恶意行为往往难寻规律,隐蔽性强,绝大部分已存在失陷主机的企业根本无法感知。因此,企业互联网边界需要建立失陷主机检测和处理的机制,防止因为失陷主机造成的信息外泄或者对外发起恶意攻击,使企业面临经济损失及法律风险。

5.1.2　解决方案及分析

1. 解决方案

奇安信新一代智慧防火墙（以下简称"智慧防火墙"）是一款兼具复杂环境组网、深度应用识别、精细化访问控制以及高性能应用层威胁防御等能力,并集成互联网威胁情报、异常行为分析、安全可视化等新一代安全技术的创新型边界安全产品。

如图 5-1 所示,智慧防火墙在互联网边界出口部署,基于其自身强大的应用、威胁识别能力和多维数据分析,能做到对通过互联网出口的流量高精度管控,通过与天御云的协同联动,打破传统防火墙的静态防御、单兵作战的防御模式,全面提升了边界防御能力。

1）基于本地引擎和云端协防高效拦截外部威胁

智慧防火墙通过启用一体化安全防护策略,将反病毒、漏洞防御、防间谍软件、恶意 URL 防御等功能集成到一条策略中,并基于优越的架构设计保障高性能的安全能力。

通过在互联网边界启用智慧防火墙的漏洞防御、防间谍软件、反病毒、URL 过滤功能,基于本地安全引擎,能高效拦截常见漏洞入侵、间谍软件、病毒、木马、钓鱼网站、恶意 URL 访问等网络威胁。

同时,智慧防火墙专属的天御云安全服务可为智慧防火墙提供云端的协防能力。在智慧防火墙本地启用病毒云查杀、URL 云识别、云沙箱、情报云检测等配置。智慧防火墙在检测到异常 URL、可疑文件时,可以将无法判断的内容上报至天御云进行进一步分析判定。

天御云基于奇安信集团强大的漏洞挖掘能力和情报收集分析能力,可为智慧防火墙提供威胁情报服务,智慧防火墙将互联网出口流量中的可疑行为的特征（可疑文件 MD5、可疑目的 IP 地址、可疑 URL 等）发送到天御云进行大数据分析,可有效发现高级威胁。

智慧防火墙通过云端协同可以极大地提升特征库数量级,补充本地识别库,并提升防火墙对高级威胁的识别能力,提高防火墙拦截的精确度和高效性。

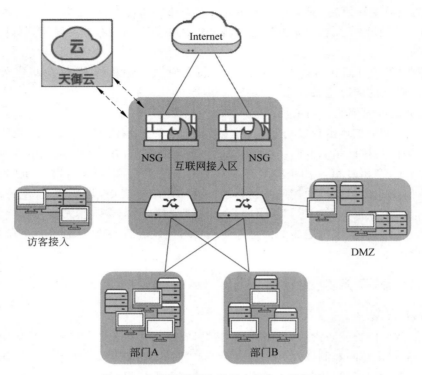

图 5-1　企业互联网边界安全解决方案拓扑

2）启用精细化、细粒度的上网管控策略

基于智慧防火墙深度内容识别的上网行为管控策略，一方面可有效限制企业内部网络机密信息的传播，从而降低公司机密泄露的风险，保证信息安全；另一方面可有效限制员工终端系统可访问的应用，从而提高工作效率。

智慧防火墙支持通过预定义的 URL 类及用户自定义的 URL 类对 URL 进行过滤，仅允许用户打开某些网页，或者禁止用户打开某些网页。例如可以通过策略禁止企业员工访问色情、犯罪、邪教等网站。

智慧防火墙通过深度内容过滤模块，针对邮件协议、文件传输协议、Web 应用协议、网页邮箱、云盘进行应用层的内容进行过滤，可以对含有预定义或自定义违规关键字的内容进行过滤，防止企业员工对外发布违法言论，规避企业的法律风险。

智慧防火墙支持精细化应用识别控制，可以做到基于应用的上网行为管控策略，限制网络内部的用户使用某种指定的应用程序或协议。该方法在不限制用户访问互联网的前提下，能够差别化地限制某些影响工作效率或占用大量带宽的应用（如 QQ、P2P）的使用，并且限制通过 WLAN 上网的手机用户使用与工作无关的应用。

智慧防火墙支持深度文件属性识别技术，对文件类型的识别不依赖后缀名，即使修改文件后缀名，也不影响智慧防火墙识别该文件。当使用 POP3、SMTP、IMAP、FTP、HTTP 协议及网页邮箱、云盘传输文件时，通过识别文件类型，对文件的上传和下载进行过滤，可以有效限制企业内部网络机密信息的传播，从而降低公司机密泄露的风险，保证信息安全。

智慧防火墙提供精细化的上网行为管控措施,不仅能规避企业员工访问非法网站、发布非法言论的问题,还能有效提升员工工作效率和带宽利用率。

3)与天御云协同联动,精准发现内网失陷主机

防火墙的部署位置在企业互联网边界,与天御云进行实时协同,检测内网可疑失陷主机,并利用分析中心"智慧调查"相关的关联分析特性及时研判网络风险,进而下发处置策略。

天御云将智慧防火墙上报的日志数据汇聚至大数据分析引擎,提取网络内主机的行为数据,可通过大数据技术挖掘偏离正常基线的异常行为。同时,由防火墙上报的威胁日志将会和其他多种来源的攻防信息汇聚为威胁情报,天御云将海量的威胁情报与本地行为数据进行匹配对撞,可智慧发现失陷主机或者可能失陷的风险主机。

当智慧防火墙提供了可能失陷的风险主机后,可根据受害 IP 地址或者威胁事件匹配到 IOC 条目进行一键跳转,通过数据中心和分析中心,将流量经过设备各功能模块检测时所产生的日志信息关联聚合,呈现一次攻击发生的全过程。

当经过发现、分析调查工作后,如果确定为失陷主机,智慧防火墙还支持根据自定义时间一键处置失陷主机或者一键处置威胁事件,做到"智慧处置",使整个处理流程变得简单、高效。

通过智慧防火墙和天御云的协同联动,不但可以预警网内的失陷主机,同时还可以向用户提供分析回溯的可见性及一键式的处置策略下发能力,实现对内部风险点和威胁的检测、分析、处置的闭环管理。

2. 用户价值

1)全面、精确的威胁检测能力

基于奇安信集团深厚的攻防研究储备和安全大数据能力,智慧防火墙可对 3000 余种漏洞利用攻击、500 余万种恶意文件实现防御。此外,还可与安全私有云、沙箱检测系统等部件展开智能协同,通过病毒云查杀、URL 云过滤、可疑文件深度鉴别等高级功能进一步提升威胁检出能力,确保互联网边界的安全性。

2)基于内容、URL、应用行为的精细化管控

智慧防火墙系统提供内容过滤、URL 过滤、网络行为管理功能,从而实现对用户的网络行为进行管控。行为管控策略不仅可精确到 IP 地址,更可精确到用户。同时,在文件过滤中还实现了对敏感信息泄露的防御,在内容过滤中实现了基于关键字的内容发布过滤,提供支持 6700 余种应用和 700 余种手机 APP 管控,使应用控制更加精细化。

3)云端协同精确定位失陷主机

基于多手段的安全数据采集和深入分析,并得益于情报共享的生态体系,奇安信集团具备全球领先的威胁情报生产能力。基于云端威胁情报技术的失陷主机发现,智慧防火墙可在互联网边界对网络流量进行多维度关联分析、递进式数据钻取,通过人性化 UI 界面直观展现失陷主机的发现、调查、处置一体化流程以及安全事件的溯源取证过程。

5.2 行业专网网络安全解决方案

5.2.1 背景及需求

1. 应用背景

专网是指在一些行业、部门或单位内部,为满足其进行组织管理、安全生产、调度指挥等需要所建设的专用数据网络。由于其具有保密性高、稳定可靠等诸多优势,被政府、公安、检察院、法院、税务、海关、教育等行业用户广泛采用。

专网建设成本高昂,一般只有重要行业、关键部门才会斥巨资建设并维护,其承载的应用均为组织的核心业务,对安全性要求极高。长期以来,大部分安全管理者片面地认为,专网是一个与公网、互联网隔离的封闭网络,隔离是解决网络安全问题最有效的方式,足以确保外部威胁无法侵入。

然而,随着"互联网+"时代的到来,业务应用场景日益复杂,网络边界越来越不清晰。事实证明,隔离的专网并不是安全的自留地,若不采取得当的安全措施,专网一旦被突破,将极有可能在瞬间全部沦陷,正所谓"单点突破、整网暴露"。因此,行业专网的安全问题不能一隔了之,而是应该采取更加有效的安全措施。

2. 用户需求

1) 内部各区域的安全隔离

目前,重要行业用户的业务专网几乎做到了国家、省、市、县4级全覆盖,一些行业的专网甚至已延伸到了乡、镇、街道一级。各级机构通过专网连接实现了互联互通,同时也为网络攻击、漏洞入侵、恶意程序传播等提供了天然的通道。

为了将专网内的安全问题控制在较小范围内,在专网内部必须进行有效的安全隔离,尤其应采取措施避免病毒、蠕虫的大面积传播,以及专网内部主机之间的恶意攻击。

2) 保证专网应用访问效率

专网一般通过租用专有链路实现组网,建设成本较高,资源相对有限。而与之矛盾的是,专网所承载的业务应用类型繁多,用户规模巨大,且多数应用对于网络时延、带宽等具有较为苛刻的要求。

为了确保专网可靠、稳定并能够始终保证应用的高质量交付,应采取必要措施对各种业务应用的资源占用进行重点保障和有序疏导,避免多业务、多用户抢占资源而导致应用交付质量下降和业务中断。

3) 实现全网统一安全管理

专网各节点通常在地理位置上分布较广,与之对应,专网内的各类安全设备也分散地部署在不同地域。由于多方面因素制约,专网全局性的统一安全管理始终难以落地,在日常运维中,即便是对全网设备进行一次统一升级或紧急下发一条应急处置策略都困难重重。

专网的安全防护必须坚持一致性原则,即专网各节点需始终保持强度统一的安全防护策略。应在专网内部建立覆盖全网的集中管理平台,实现全网安全设备的统一监控、统一管理和统一运维。

4)实时感知内部安全态势

专网所承载的数据私密性强、价值高,决定了其成为攻击目标的可能性更大。在当前威胁环境下,为了达成破坏系统、窃取数据等目的,攻击者会对专网发起持续不断、花样百出的网络攻击。即便在专网内已层层设防,但一旦遭遇高级持续性攻击,失陷几乎仍是必然结果。

面对严峻的威胁形势,以防范为中心、静态、被动、防御性的传统网络安全防护措施并不足以保障专网安全。从某种意义上讲,层层设防仅能迟滞攻击成功的时间。专网管理者应具备对全局威胁的感知能力,尤其是对于专网内已被攻陷或疑似失陷的系统,应做到及时发现、高效研判和尽早处置。

5.2.2　解决方案及分析

1. 解决方案

如图 5-2 所示,通过在专网各节点网络边界部署智慧防火墙,并通过与其配套的 SMAC 构建全网统一的管理、预警平台,可在专网内构筑稳固防线,同时大幅提升管理者对专网的安全管理和威胁预警能力,实现对专网的全方位防护。

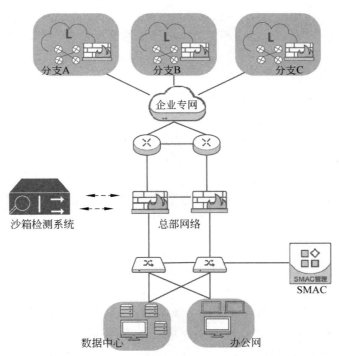

图 5-2　行业专网网络安全解决方案拓扑

1)全方位、高性能威胁防御

智慧防火墙深度集成病毒防御、漏洞防御、间谍软件防御、恶意 URL 防御等功能,并基于优越的架构设计保障高性能的安全功能交付。

通过在各节点的智慧防火墙上启用入侵防御(IPS)、病毒防御(AV)等功能,对全网流量进行深度威胁检测,阻断病毒扩散、漏洞入侵、间谍软件等恶意攻击行为,可将威胁引发的安全风险控制在尽可能小的范围内,实现专网内部的有效安全隔离。

2)基于业务的精细资源管控

智慧防火墙支持多级通道的带宽管理功能,可基于用户、IP 地址、应用、时间等多维条件对网内流量执行精细化的带宽管理,包括限定最大带宽、设置保证带宽、分配每 IP 地址带宽、分配总流量限额等。此外,基于通道的优先级设置及实际带宽占用比例,系统可自动将空闲带宽分配给重要业务,确保专网资源的合理利用。

基于智慧防火墙的应用识别和应用自定义能力,可将专网业务与应用 ID 精准关联,通过部署基于应用的流量管理策略为关键应用保障带宽资源,同时限定用户、应用的资源占用,避免链路拥塞。通过对多业务、多应用带宽资源占用的有序疏导,有效确保业务应用的高质量交付。

3)构建全网的集中管理平台

SMAC 是奇安信新一代智慧防火墙的集中管理平台,可对数百台智慧防火墙进行分权分域的集中管理,实现全网设备统一监控、统一管理和统一运维。

通过在总部部署 SMAC 系统,可提供针对全网智慧防火墙的设备运行状态监控、安全配置违规核查、安全策略批量下发、威胁特征统一升级等诸多智能化运维管理功能,构建专网的统一安全管理平台,可大幅提升全网设备的管理效率,并确保全网安全的一致性原则切实落地。

4)建立专网的威胁感知中心

利用 SMAC 强大的数据存储和运算能力,并基于威胁情报订阅服务,SMAC 在对全网智慧防火墙实现集中管理的同时,还可将部署于各子网边界的智慧防火墙上报的日志数据汇聚至大数据分析引擎,提取网络内主机的行为数据,一方面通过大数据技术挖掘偏离正常基线的异常行为,另一方面将本地的行为数据与威胁情报进行匹配对撞,从多个维度检测网内的失陷主机和风险主机。

部署于总部的 SMAC 同时为专网构建了威胁感知中心,其不但可以预警网内的失陷主机,同时还向用户提供了分析回溯的可见性及一键式处置策略下发能力,实现对内部风险点和威胁的检测、分析、处置闭环管理。

2. 用户价值

1)全面、精确的威胁检测能力

基于奇安信集团深厚的攻防研究储备和安全大数据能力,智慧防火墙可对 3000 余种漏洞利用攻击、500 余万种恶意文件实现防御。此外,还可与安全私有云、沙箱检测系统等部件展开智能协同,通过病毒云查杀、URL 云过滤、可疑文件深度鉴别等高级功能进一步提升其威胁检出能力,确保专网安全隔离的有效性。

2)多级通道的精细化流量控制

与绝大多数安全网关提供的单级通道流量控制相比,多级通道可对带宽资源实现更加精细的划分和管理。基于多级通道流控策略,一条专网链路的带宽可以从逻辑上划分为多份,每份可用于不同的业务或用户,在每份带宽中还可以进一步向下细分,真正实现了针对业务的精细化资源分配。

3)自动化的全网违规配置核查

SMAC 在满足设备监控、策略下发等基础的集中管理需求外,还提供了独有的违规配置核查功能,可以代替管理者对全网智慧防火墙设备执行自动化的违规配置检查,例如检查设备是否配置有全通策略、检查设备是否开放了 SSH 访问、检查设备管理员口令是否未达强度要求等。通过对设备管理漏洞的持续性、自动化发现,可确保安全管理始终处于高强度。

4)由情报驱动的高级威胁发现

基于多手段的安全数据采集和深入分析,并得益于情报共享的生态体系,奇安信具备全球领先的威胁情报生产能力。通过威胁情报订阅,智慧防火墙可在专网网络边界精准检测并快速发现高级威胁,进一步消除安全检测的盲区。与传统单纯基于静态特征的防护技术相比,情报驱动的边界防御体系在安全有效性和防御实时性方面实现了跨越式提升。

5.3　企业级数据中心出口防护解决方案

5.3.1　背景及需求

1. 应用背景

数据中心是数据大集中而形成的集成 IT 应用环境,通过网络互联,成为数据计算与存储的中心,以承载各种 IT 应用服务。通过数据中心的建设,企业能够实现对 IT 信息系统的整合和集中管理,提升内部的运营和管理效率以及对外的服务水平,同时降低 IT 系统建设成本。

数据中心承载着企业的核心业务,成为企业信息资源形成、利用、管理的关键节点,所以数据中心是企业最重要的资产,对于数据中心的安全性、可用性要求极高。一直以来,出口安全都是数据中心安全防护体系中极为重要的一环。传统解决方案是在数据中心出口"串糖葫芦式"部署防火墙、入侵防御系统等安全设备,试图通过增加安全设备的数量提高数据中心的安全性。

但是,随着信息化产业的发展,数据中心作为企业核心竞争力所承载的 IT 设施和数据业务已成为各种网络攻击的焦点,而且攻击的手法越来越隐蔽,技术越来越高级。由于多种安全设备之间各自为战,难以协同调配,在应对当前漏洞利用、间谍软件攻击时无法形成合力,反而因为操作运维复杂、故障点增多、性能瓶颈等诸多因素,影响数据中心业务的正常运营。所以数据中心安全体系的建设必须抛弃传统"堆砌设备提高安全性"的落后思维,应该采用符合当前趋势的、更有效的安全措施。

2. 用户需求

1）高性能、可用性需求

随着"互联网＋"时代的到来，业务模式发生快速变化，企业的运作高度依赖网络，带来的结果就是数据中心带宽呈几何级增长，给出口防护带来严峻的性能挑战。同时企业的业务成效越来越依赖于 IT 服务，数据中心的可用性已经成为业务运营的生命线，一旦瘫痪，造成业务无法开展，对企业造成的经济损失及负面影响难以估算。

为了满足数据中心在高带宽、高并发、高吞吐条件下安全的数据交换，确保数据中心关键业务 7×24 不中断，出口防火墙需要在提供更高安全性的同时提高性能，同时可以在极端条件下稳定运行。

2）数据中心出口安全风险

数据中心通常使用大量服务器支撑企业的业务系统，而当前操作系统、应用的高危安全漏洞频发，对成千上万台服务器进行漏洞修补在短期内很难完成。而且漏洞修补引起的配置变更可能会引发业务风险。所以基于服务器的漏洞修补对于数据中心几乎是一个不可能完成的任务。同时间谍软件窃取重要信息、控制服务器成为僵尸主机等行为对数据中心造成的危害也越来越大。在服务器端大规模部署反间谍软件会带来配置、维护、更新及 TCO 等问题，需要另外制定切实可行的防护措施，作为基于服务器间谍软件防御的有效补充。

在数据中心出口需要将多种安全防护机制有机结合，打破传统安全设备各自为战的被动局面，在数据中心出口将安全风险阻拦在外，避免关键业务中断及重大安全事件。

3）精准发现失陷服务器并快速处理

数据中心 IT 业务使用、产生的数据是非常重要的 IT 资产，结合这些服务器暴露在网络上的特点，使数据中心必然成为高价值的攻击目标。在面对当前以窃取重要数据为目的，以经济利益为驱动的高级、隐蔽的攻击手段，传统以静态、被动、防御为导向的安全防护体系无能为力。

当前网络安全形势与挑战日益严峻复杂，安全体系建设需要从防范为主转向快速检测和响应能力的构建，利用威胁情报、异常行为识别、大数据分析等技术，主动、快速、持续地发现数据中心存在的失陷服务器，同时还原失陷全过程，准确锁定攻击链条，及时做出响应处置。

4）业务系统间强隔离需求

数据中心承载企业多个业务系统，而不同业务系统的安全等级可能会有差别，如企业的核心生产系统与 CRM 系统的安全等级肯定有高低之分。如果不在各个业务系统之间实现强隔离，那么很有可能在低安全等级业务系统被攻破后，作为跳板攻击高安全等级业务系统。为了避免上述的情况出现，为不同的业务系统采用物理强隔离的方式，势必会增大企业投入，而且会极大地增加运维、管理复杂度。

如果数据中心管理人员仅仅关注通过隔离减小数据中心内部安全风险的影响面，却忽略了来自外部的安全风险，显然是顾此失彼。"强"与"隔离"是紧密耦合的，应该在实现业务系统间隔离的基础上，实现强安全有效性，防御来自内外部的安全风险。

5.3.2　解决方案及分析

1. 解决方案

奇安信新一代智慧防火墙在提供复杂环境组网、扫描攻击防御和虚拟系统等功能的基础上,深度集成了漏洞防御、间谍软件防御、失陷服务器检测等高级安全防护功能,快速构建基于威胁情报、态势感知、智能协同、安全可视化等新一代技术的安全防护解决方案。

在数据中心出口使用场景中,通过 HA 组的方式部署奇安信智慧防火墙,在提供高性能安全防护的同时,提高防火墙的可用性。并且通过虚拟系统实现业务间的强隔离。除此之外,以奇安信新一代智慧防火墙为核心与多种安全组件集成,形成"云-地"协同、联动的安全体系,覆盖了自适应安全结构定义的预测、防御、检测、响应能力,满足数据中心全方位安全防护的要求。企业级数据中心出口防护解决方案拓扑如图 5-3 所示。

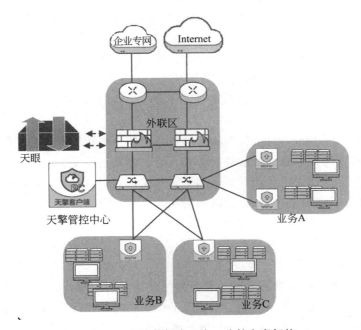

图 5-3　企业级数据中心出口防护方案拓扑

1) 数据中心出口高性能双机部署

奇安信集团拥有完备的智慧防火墙产品线,转发速率为 4～160Gb/s、HTTP 每秒新建连接个数为 3 万～160 万,并发数为 180 万～5000 万,基于安全性能的不同,覆盖不同规模的企业数据中心应用场景。智慧防火墙支持路由模式和桥模式的 HA。在路由模式下,采用 SGRP 路由冗余备份协议,实现双主的路由负载均衡和主备的路由冗余备份两种模式。透明模式下,支持通过生成树协议完成桥模式的 HA 冗余备份和快速切换。两种 HA 模式中,智慧防火墙间的会话、威胁情报、VPN 隧道等信息完全同步,在一台防火墙出现问题时,另一台可以及时接管所有工作,向用户提供毫秒级快速、完全透明的切换,提高网络服务质量。

HA 组的配置决定了当前配置的防火墙工作在 MASTER（主）状态还是 BACKUP（备）状态，以及哪些信息需要在主备防火墙之间同步。

HA 接口监控、链路探测是高可用性模块中提供的防火墙状态切换可选功能。主要通过探测用户配置的监控接口当前的状态是否正常和探测用户配置的 IP 地址当前是否能够连通，并在接口或在 IP 地址失效的情况下，根据用户配置的优先级扣减权重值，判断防火墙目前是否继续工作。

在数据中心出口，选择符合业务规模的智慧防火墙双机 HA 部署，在提供高性能、高可用性的同时，满足安全防护性能要求，确保业务应用的高质量交付。

2）实现数据中心出口全方位的威胁防御

智慧防火墙深度集成漏洞防御、间谍软件防御等应用层安全功能，通过单引擎一次性数据处理对穿越数据中心出口的所有流量进行深度威胁检测。

启用智慧防火墙的漏洞防御功能可对缓冲区溢出、跨站脚本、拒绝服务等 3000 余种漏洞利用攻击进行防御。

智慧防火墙内置的防间谍软件功能可以对 500 余万种间谍软件实现防御，利用双向拦截 C&C（命令与控制）通信，避免失陷服务器进一步造成危害。作为漏洞防御有效的补充，除了预防木马后门、病毒蠕虫、僵尸网络以外，还支持以自定义签名的方式识别间谍软件的特征。

智慧防火墙可以与天御云协同，利用云端特征库作为本地特征库的扩展，极大地提升整体漏洞、攻击特征库中信息的数量级。并且天御云将最新爆发的漏洞、间谍软件信息实时推送给智慧防火墙，加快防火墙对威胁的识别速度，提高拦截的实时性、精确度。

智慧防火墙通过漏洞防御功能，将漏洞引发的安全风险阻拦在数据中心外部，有效解决服务器难以修复漏洞的困难。智慧防火墙与防间谍软件功能的结合，进一步提升了其威胁检出能力，确保数据中心服务器安全。

3）精准发现失陷服务器并及时处置

智慧防火墙上报的日志数据被送至天御云大数据分析引擎，从中提取网络内服务器的行为数据，一方面通过大数据技术挖掘偏离正常基线的异常行为，另一方面将本地行为数据与威胁情报进行匹配对撞，从多个维度检测网内的失陷服务器。

智慧防火墙提供情境分析、日志搜索等服务，用于攻击事件的分析、取证和回溯。在安全事件发生之后，在智慧防火墙分析中心通过递进式的查询，可以快速钻取某类威胁的相关信息，并且将智慧防火墙各个功能模块报告的信息关联集中，呈现攻击发生的全过程，为管理人员进行快速的攻击事件关联分析、取证、回溯提供有力的帮助。

同时智慧防火墙可以根据失陷服务器检测结果一键处置失陷服务器。

根据失陷服务器报告，利用处置中心的"一键处置"功能，可以快速地基于失陷服务器（处置受害 IP 地址，即隔离某个 IP 地址所有的网络访问）或者 IOC 情报（处置 IOC，即阻断所有 IP 地址访问已确认的攻击源）动态生成安全防护策略。使管理员可以高效、快捷地响应安全事件，在数据中心内部和外部阻拦安全风险。

通过天御云云镜与智慧防火墙的智能协同，利用云端海量的运算和存储资源，对智慧防火墙上报的数据执行深度分析和情报检测,并利用图形化的界面呈现,帮助数据中心管理人员感知当前漏洞爆发趋势等安全态势,预测可能发生的安全风险,提前做出应对。

4）通过虚拟系统实现强隔离

智慧防火墙的虚拟系统功能可以将防火墙虚拟成多个相互隔离并独立运行的虚拟系统,每一个虚拟系统都可以提供定制化、独立的安全防护功能。并且实现并发会话数量、安全策略数量、NAT 条目数量等系统资源在不同虚拟系统之间动态调配,实现防火墙性能的最大化利用。

通过在各个虚拟系统上启用漏洞防御、间谍软件防御等功能,在实现不同业务间强隔离的基础上,提供基于数据中心出口的高级威胁防御。

2. 用户价值

1）优越的高性能、高可用性架构设计

通过使用第四代 SecOS 操作系统、单引擎异步并行处理架构及优化的接口数据收发机制,保证奇安信新一代智慧防火墙在数据中心大流量、高吞吐、多安全功能开启的情况下始终保持高性能。SecOS 采用管理平面与数据平面分离的软件设计,即使管理平面出现故障,也不会影响数据平面的转发功能。智慧防火墙也可以安装不同版本的 SecOS,可以在各个版本间自由切换,从多方面保障了系统的稳定性。

2）超强的威胁识别及响应能力

基于奇安信深厚的攻防研究储备和安全大数据能力,智慧防火墙可以对 3000 多种漏洞利用攻击、500 余万种间谍软件进行防御。同时本地特征库可以与云端联动,奇安信在发现安全威胁后,第一时间推出关于安全威胁的行为、异常、特征等关键信息,通过云端实时更新的方式推送到智慧防火墙,确保在数据中心出口快速拦截、精准阻断最新的安全威胁。

3）基于威胁情报及时、主动发现失陷服务器

基于多手段的安全数据采集和深入分析,得益于情报共享的生态体系,奇安信具备全球领先的威胁情报生产能力,并将此能力应用在天御云上。数据中心出口部署的智慧防火墙利用天御云推送的威胁情报,将确认已失陷或有风险行为的服务器信息详情推送到处置中心,用户可以查看失陷服务器的详细信息,并一键处置失陷服务器。数据中心管理员可以从分析中心、数据中心中自行定位并快速处置网络中的失陷服务器。

4）实现全部安全功能的虚拟系统

在智慧防火墙内部,虚拟系统完全复制物理防火墙的安全防护能力,如漏洞防御、间谍软件防御、失陷服务器检测及处置等功能。而且可以根据业务的安全需求,针对不同的虚拟系统启用、配置不同的高级安全防护功能。虚拟系统之间完全隔离,确保每个虚拟系统独立工作、稳定运行。并且虚拟系统可以与物理防火墙 HA 功能完美结合,提高虚拟系统的可用性。

5.4 多分支企业组网及网络安全解决方案

5.4.1 背景及需求

1. 应用背景

随着"互联网＋"技术的不断发展,现代企业的经营范围在地域上不断延展,为了实现产品、服务等业务的覆盖,往往在总部以外的地域建立分支机构,例如大型企业驻各地的分公司、新金融企业的社区轻型营业部、连锁型的商场、超市餐饮和酒店等,均是典型的多分支企业。

由于业务量大、地域分散,信息技术的运用成为保障此类企业内部信息高效流转的重要途径,将众多分支机构与企业总部以安全、高性价比的方式进行连接,从而构建多分支企业专有的内联网,并保证其安全、稳定、可靠地承载企业办公、管理、业务相关的诸多信息化应用,成为多分支企业运营过程中的普遍性刚需。

然而,受制于资金、技术等多方面因素,企业与分支机构、供应商、合作伙伴之间的互联仍存在安全方面的诸多困扰:

(1) 仍有相当一部分多分支企业将业务应用直接开放在互联网上供分支机构、远程办公人员甚至合作伙伴访问,无异于"门户大开"。业务系统被恶意攻击者扫描、锁定为目标后,成功实施"拖库"、远程控制等一系列攻击,导致企业直接的经济损失。

(2) 不少多分支企业利用互联网建立 VPN 虚拟隧道,解决了分支机构之间数据加密传输的问题,但却疏于对互联网威胁的防御。用户在上网过程中遭受恶意攻击的概率极高,恶意程序一旦被植入终端,又通过 VPN 隧道向更大的范围内扩散,危及企业的核心数据。

(3) 分支机构未配备专职的 IT 安全管理人员,相当数量的分支机构 IT 系统处于"无人值守"状态,造成全网安全管理、防御强度不一致,分支机构网络成为攻击者更容易突破的"防御短板",一些高级威胁利用被攻陷的分支机构系统作为跳板,进而继续攻击企业内部的核心资产。

2. 用户需求

1) 总部与分支安全互联

当前,多分支企业及其各分支机构基本上已构建了其自有的局域网,并普遍接入互联网,为了满足业务的实时交互,需要为多分支企业构建一个安全可靠、成本低廉的企业专网,应着重考虑和解决的问题包括:

(1) 安全性与成本。如何安全组网;在有限资本投入的情况下,如何利用现有互联网技术实现虚拟专网,确保数据传输过程不被盗取和监听。

(2) 架构的灵活性。不仅要满足分支机构的互联,同时应考虑移动办公安全接入的需求,出差、SOHO、驻外的企业员工能够不受地理位置的限制,便捷、安全地利用互联网访问企业内部业务系统。

（3）高可用性。出于承载核心业务的考虑，专网应确保高可用性，为分支机构、移动用户、合作伙伴提供不间断的内网访问环境。

2）全面防御互联网威胁

由于互联网的接入，将企业和分支机构网络分为内网和互联网两个安全级别完全不同的安全域，互联网边界也成为整个 IT 防护系统的第一道和最后一道防线，并直接影响到企业专网的安全性，需解决的问题包括：

（1）应能防御用户在访问互联网过程中所引入的风险，例如恶意网址和钓鱼链接访问、恶意程序植入等。

（2）需在业务流量进入专网前对流量进行深度的威胁检测，避免互联网威胁向专网渗透，导致业务系统被攻击。

3）内部风险的实时洞察

企业网开放、灵活的特性决定了其引入风险的通道较多，尤其是在当前安全风险事件高发的大环境下，即便已经在网络边界层层设防，一旦遭遇高级攻击，失陷几乎仍是必然结果。多分支企业 IT 系统用户规模庞大，在做好攻击防御措施的同时，应格外关注对内部风险的检测，尤其是对于企业网内已被攻陷或疑似失陷的系统，应做到及时发现、高效研判和尽早处置。

4）实现全网的统一管理

由于多分支企业的分支机构众多，地域分布广泛，且缺乏专职 IT 安全管理人员，而总部 IT 部门往往是由几个人负责整个网络系统的维护工作，由于网络运行、维护、升级、抢修等事务性工作繁重且不确定性强，IT 管理人员通常无暇顾及分支机构的安全管理和技术落地。企业专网的构建无疑会引入更多的组网和安全设备，应充分考虑通过集中管理提升全网安全性和管理水平，包括：

（1）统一监控。实时掌握设备运行状态、链路状态、当地网络的安全状况等信息，便于发现异常及时处置。

（2）统一配置。将统一的安全策略自动化、批量地运用在各分支机构，确保各地安全防护强度一致。

（3）统一运维。能够自动完成全网设备升级、特征库更新等工作。

5.4.2　解决方案及分析

1. 解决方案

奇安信新一代智慧防火墙是一款兼具复杂环境组网、深度应用识别、精细化访问控制以及高性能应用层威胁防御等能力，并集成了互联网威胁情报、异常行为分析、安全可视化等新一代安全技术的创新型边界安全产品，可为多分支企业提供一体化的安全组网和边界防护解决方案。

如图 5-4 所示，通过在企业总部和各分支机构互联网边界部署智慧防火墙，可帮助多分支企业实现安全组网、边界防护，并通过与部署在总部的安全管理分析中心和云端的云镜网络威胁感知中心协同，充分满足多分支企业安全设备集中管理和内网威胁洞察的需求。

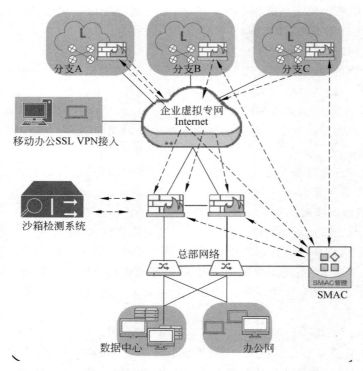

图 5-4　多分支企业组网及网络安全解决方案拓扑

1）构建企业 VPN 网络

通过在总部和分支机构互联网边界部署智慧防火墙，并通过防火墙在总部与分支间建立 IPSec VPN 隧道，实现站到站的虚拟网络互联，构建企业 VPN 网络，满足各分支机构与总部的数据交互需求。VPN 组网拓扑如图 5-5 所示。

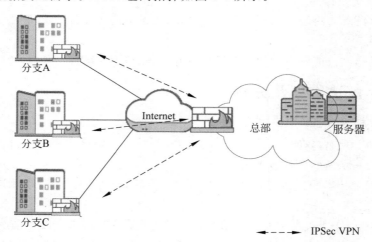

图 5-5　VPN 组网拓扑

利用智慧防火墙提供的 SSL VPN 功能，为远程接入人员（例如出差途中、在家办公、微型分支机构、驻外用户）提供加密的远程访问 VPN 通道，使此类用户通过简单的网页登录在公司外部以加密的方式访问企业的应用数据。

此外，接入智慧防火墙的多条互联网链路可绑定至多条 VPN 隧道，通过灵活的控制实现多 VPN 隧道冗余备份，以提升 VPN 网络的可用性。

2）启用全方位攻击防御

智慧防火墙深度集成病毒防御、漏洞防御、间谍软件防御、恶意 URL 防御等功能，并基于优越的架构设计保障高性能的安全功能交付。

通过在总部及各分支机构的智慧防火墙上启用入侵防御（IPS）、病毒防御（AV）等功能，对互联网访问流量进行深度威胁检测，严防内网用户访问挂马网站、钓鱼链接的行为，在网络边界阻断恶意程序植入及远程控制通道。同时，业务流量在进入 VPN 隧道前，也将经过严格的检测，进一步降低恶意攻击流量在网内蔓延的风险。

3）实时检测内部失陷主机

为了进一步提升用户对网络边界威胁的感知能力，部署于各地的智慧防火墙可启用与云镜网络威胁感知中心的智能协同。

"云镜"是智慧防火墙用户专属的、基于公有云的安全服务，利用云端海量的运算和存储资源以及威胁情报，对用户网络数据进行复杂逻辑的分析检测，可精准定位用户网内已被攻陷的主机，及时发现，尽早处置。

4）构建全网的集中管理平台

安全管理分析中心（SMAC）是智慧防火墙的集中管理平台，可对数百台智慧防火墙进行分权分域的集中管理，实现全网设备统一监控、统一管理和统一运维。

通过在总部部署 SMAC 系统，可提供针对全网智慧防火墙的设备运行状态监控、安全配置违规核查、安全策略批量下发、威胁特征统一升级等诸多智能化运维管理功能，构建全网的统一安全管理平台，可大幅提升全网设备的管理效率并确保全网安全的一致性原则切实落地。

2. 用户价值

1）便捷、灵活的 VPN 组网方案

智慧防火墙支持多种形式的 IPSec VPN 组网，适用于不同的互联网接入环境，并可通过灵活的多隧道冗余备份机制进一步提升其可用性。同时，其为移动办公用户提供的 SSL VPN 接入服务具备操作简单、安全性高、稳定可靠的特点，可充分满足多分支企业利用 VPN 组网的需求。

2）云端协防提升攻击防御能力

除了本地内置的安全引擎和高质量威胁签名以外，智慧防火墙还可与其专有的天御云进行实时协同。天御云是基于公有云构建的智慧防火墙安全服务平台，持续为智慧防火墙提供病毒云查杀、恶意 URL 云过滤、威胁特征推送、威胁情报检测等高级功能的支撑，利用云端掌握的海量、实时威胁特征，可进一步提升智慧防火墙的威胁检出能力。

3）基于威胁情报的失陷主机检测

基于多手段的安全数据采集和深入分析，并得益于情报共享的生态体系，奇安信具备全球领先的威胁情报生产能力。通过云镜网络威胁感知中心,企业用户可实时预警网内失陷主机,与传统基于静态特征的检测技术相比,云镜利用威胁情报与本地行为数据进行对撞的检测方式,能够更有效地发现高级威胁控制的失陷主机。通过感知能力的提升,进一步消除了安全防护的盲区。

4)多种策略批量下发

基于 SMAC 构建的集中管理平台在满足全网监控等基本需求的同时,可实现安全策略、SSL 解密策略、黑白名单、会话限制等多种安全规则的批量下发,真正实现了全网统一的安全管理。

思　考　题

(1)简述企业互联网边界安全解决方案。

(2)简述行业专网网络安全解决方案。

(3)简述数据中心出口安全风险。

(4)如何精准发现失陷服务器并快速处理?

(5)如何实现包含全部安全功能的虚拟系统?

(6)多分支企业组网及网络安全解决方案的优势及亮点有哪些?

附录 A

防火墙技术英文缩略语

ACL　　Access Control List　　访问控制列表

AD　　Active Directory　　活动目录

AH　　Authentication Header　　认证报头

ALG　　Application Level Gateway　　应用层网关

APT　　Advanced Persistent Threat　　高级持续性威胁

ARP　　Address Resolution Protocol　　地址解析协议

AV　　Anti Virus　　抗病毒

BGP　　Border Gateway Protocol　　边界网关协议

BOOTP　　Bootstrap Protocol　　引导程序协议

CC　　Challenge Collapsar　　挑战黑洞

CPU　　Central Processing Unit　　中央处理单元

CRM　　Customer Relationship Management　　客户关系管理

DBA　　Dynamically Bandwidth Assignment　　动态带宽分配

DDoS　　Distributed Denial of Service　　分布式拒绝服务攻击

DFI　　Deep Flow Inspection　　深度流检测

DHCP　　Dynamic Host Configuration Protocol　　动态主机配置协议

DMZ　　Demilitarized Zone　　非军事区

DNS　　Domain Name System　　域名系统

DoS　　Denial of Service　　拒绝服务攻击

DPI　　Deep Packet Inspection　　深度报文检测

EGP　　Exterior Gateway Protocol　　外部网关协议

ERP　　Enterprise Resource Planning　　企业资源计划

ESP　　Encapsulated Security Payload　　封装安全有效负载

FTP　　File Transfer Protocol　　文件传输协议

Gb/s　　Gigabits per second　　吉比特每秒

HA　　High Availability　　高可用性

HTTP　　HyperText Transfer Protocol　　超文本传输协议

HTTPS　　HTTP Secure　　超文本传输协议安全

ICMP　　Internet Control Message Protocol　　互联网控制报文协议

IDC　　International Data Corporation　　国际数据公司

IGP　Interior Gateway Protocol　内部网关协议

IKE　Internet Key Exchange Protocol　互联网密钥交换协议

IMAP　Internet Message Access Protocol　互联网消息访问协议

IOC　Indicator of Compromise　入侵指示标记

IP　Internet Protocol　互联网协议

IPS　Intrusion Prevention System　入侵防御系统

ISAKMP　Internet Security Association and Key Management Protocol　互联网安全协会和密钥管理协议

ISP　Internet Service Provider　互联网服务提供商

L2F　Layer 2 Forwarding　二层转发

L2TP　Layer 2 Tunneling Protocol　二层隧道协议

LACP　Link Aggregation Control Protocol　链路聚合控制协议

LACPDU　Link Aggregation Control Protocol Data Unit　链路聚合控制协议数据单元

LDAP　Lightweight Directory Access Protocol　轻量目录访问协议

LSA　Link-State Advertisement　链路状态广播

Mb/s　Megabits per second　兆比特每秒

MRTI　Machine-Readable Threat Intelligence　可机读威胁情报

NAS　Network Access Server　网络访问服务

NAT　Network Address Translation　网络地址转换

NAT-PT　Network Address Translation-Protocol Translation　附带协议转换器的网络地址转换器

NDR　Network Detection Response　网络的检测与响应

NGFW　Next Generation Firewall　下一代防火墙

NT　New Technology　新技术

OSPF　Open Shortest Path First　开放最短路径优先

PAT　Port Address Translation　端口地址转换

POP　Post Office Protocol　邮局协议

PPS　Packets per second　数据包每秒

PPTP　Point-to-Point Tunneling Protocol　点对点隧道协议

QoS　Quality of service　服务质量

RADIUS　Remote Authentication Dial In User Service　远程认证拨入用户服务

RBL　Real-time Blackhole List　实时黑名单

RIP　Routing Information Protocol　路由信息协议

RIR　Regional Internet Registry　区域性互联网注册机构

SA　Security Association　安全联盟

SID　Security Identifier　安全标识符

SIIT　Stateless IP/ICMP Translation　无状态 IP/ICMP 转换

SMAC　Security Management Analysis Center　安全管理分析中心

SMTP　Simple Mail Transfer Protocol　简单邮件传输协议

SQL　Structured Query Language　结构化查询语言

SSH　Secure Shell　安全外壳协议

SSL　Secure Sockets Layer　安全套接层

TCO　Total Cost of Ownership　总拥有成本

TCP　Transmission Control Protocol　传输控制协议

TI　Threat Intelligence　威胁情报

UDP　User Datagram Protocol　用户数据报协议

UI　User Interface　用户界面

URI　Universal Resource Identifier　统一资源标识符

URL　Uniform Resource Locator　统一资源定位符

UTM　United Threat Management　统一威胁管理

VLAN　Virtual LAN　虚拟局域网

VPN　Virtual Private Network　虚拟专用网络

VRRP　Virtual Router Redundancy Protocol　虚拟路由冗余协议

WAF　Web Application Firewall　Web 应用防火墙

参 考 文 献

[1] 毕烨,吴秀梅.防火墙技术及应用实践教程[M].北京:清华大学出版社,2017.

[2] 张艳.防火墙产品原理与应用[M].北京:电子工业出版社,2016.

[3] 陈波,于泠.防火墙技术与应用[M].北京:机械工业出版社,2013.

[4] 吴秀梅.防火墙技术及应用教程[M].北京:清华大学出版社,2010.

[5] 郭方方,马春光.防火墙、入侵检测与VPN[M].北京:北京邮电大学出版社,2008.

[6] 阎慧,王伟,宁宇鹏,等.防火墙原理与技术[M].北京:机械工业出版社,2004.

[7] 程庆梅,徐雪鹏.防火墙系统实训教程[M].北京:机械工业出版社,2012.

[8] 白树成.防火墙与VPN技术实训教程[M].北京:电子工业出版社,2014.

[9] 徐慧洋,白杰,卢宏旺.华为防火墙技术漫谈[M].北京:人民邮电出版社,2015.

[10] 刘晓辉.交换机·路由器·防火墙[M].3版.北京:电子工业出版社,2015.

[11] 摩赖斯.Cisco防火墙[M].YESLAB工作室,译.北京:人民邮电出版社,2014.

[12] 张翔,胡昌振,尹伟.基于事件关联的网络威胁分析技术研究[J].计算机工程与应用,2007,43(4):143-145.

[13] 谭大礼,王明政,王璇.面向服务的信息安全威胁分析模型[J].信息安全与通信保密,2011,09(9):97-99.

[14] 张帆.企业信息安全威胁分析与安全策略[J].网络安全技术与应用,2007(5):66-67.

[15] 王继民,李雷明子,张鹏.搜索引擎日志挖掘领域的论文合著网络分析[J].现代图书情报技术,2011,27(4):58-63.

[16] 段伟希,周智,张晨,等.移动互联网安全威胁分析与防护策略[J].电信工程技术与标准化,2010,23(2):7-9.

[17] 郭绍忠,段丹,刘晓楠,等.邮件挖掘技术在社会网络分析中的研究与应用[J].计算机工程与设计,2008,29(9):2339-2341.

[18] 景博,付晓光,陈昱松,等.企业网络行为管理系统构建[J].信息网络安全,2010(5):63-63.

[19] 李云燕.浅谈网康互联网控制网关规范本集团公司员工的上网行为[J].计算机光盘软件与应用,2012(22):122-123.

[20] 郭志达.Linux下基于内容过滤防火墙性能的改进[J].民营科技,2016(11):20-20.

[21] 朱剑云,熊国铨,赵美丽.基于内容过滤的防火墙技术的研究[J].科技广场,2015(12):121-124.

[22] 杨奕,杨树堂,陈健宁,等.基于统计分析与规则冲突检测的防火墙优化[J].计算机工程,2008,34(15):129-131.

[23] 何申,张四海,王煦法,等.网络脚本病毒的统计分析方法[J].计算机学报,2006,29(6):969-975.

[24] 肖天悦.网络信息安全的统计分析[J].数据,2013(6):62-65.

[25] 马华林.基于NetFlow流量行为分析的网络异常检测[J].数字技术与应用,2011(3):130-130.

[26] 袁静,王俊松,李强,等.基于递归特性的网络应用流量行为分析[J].清华大学学报(自然科学版),2014(4):515-521.

[27] 胡洋瑞,陈兴蜀,王俊峰,等.基于流量行为特征的异常流量检测[J].信息网络安全,2016(11):45-51.

[28] 赖英旭,李秀龙,杨震,等.基于流量监测的用户流量行为分析[J].北京工业大学学报,2013,39(11):1692-1699.

[29] 王宁宁,陈锐,赵宇,等.基于信息流的互联网信息空间网络分析[J].地理研究,2016(1)：137-147.

[30] 吴鹏.Web安全技术在网站安全项目中的应用[D].北京：北京邮电大学,2011.

[31] 王纯子,黄光球.基于脆弱性关联模型的网络威胁分析[J].计算机应用,2010,30(11)：3046-3050.

[32] 亚静.基于多源日志的网络威胁分析系统的研究[D].北京：北京交通大学,2014.

[33] 张翔,胡昌振,尹伟.基于事件关联的网络威胁分析技术研究[J].计算机工程与应用,2007,43(4)：143-145.

[34] 陈鑫,王晓晗,黄河.基于威胁分析的多属性信息安全风险评估方法研究[J].计算机工程与设计,2009,30(1)：38-40.

[35] 谭大礼,王明政,王璇.面向服务的信息安全威胁分析模型[J].信息安全与通信保密,2011,09(9)：97-99.

[36] 陈玮.企业内网安全威胁分析及防护措施[J].科技视界,2015(12)：80-80.

[37] 张帆.企业信息安全威胁分析与安全策略[J].网络安全技术与应用,2007(5)：66-67.

[38] 杨洋,姚淑珍.一种基于威胁分析的信息安全风险评估方法[J].计算机工程与应用,2009,45(3)：94-96.

[39] 林鸿飞.基于混合模式的文本过滤模型[J].计算机研究与发展,2001,38(9)：1127-1131.

[40] 符广全,王海峰,陆建德.基于文件过滤驱动的内核病毒防火墙技术[J].计算机应用与软件,2006,23(7)：121-123.

[41] 周剑岚,冯珊,孙建军.守住最后一道防线——文件过滤驱动程序在系统安全中的研究与应用[J].计算机安全,2005(6)：21-22.

[42] 王海涛,杜宏伟.网站内容安全防护技术浅析[J].信息化研究,2010,36(12)：1-3.

[43] 瞿进,李清宝,白燕,等.文件过滤驱动在网络安全终端中的应用[J].计算机应用,2007,27(3)：624-626.

[44] 张馨予.基于社团结构的移动互联网流量分析与应用识别[D].北京：北京邮电大学,2015.

[45] 楚国玉,姜瑛,赵宏.基于隐马尔科夫模型的移动应用端行为模式识别[J].价值工程,2016,35(19)：173-175.

[46] 高瑞梅.网络应用识别系统的研究[J].中国新通信,2014(20)：68-68.

[47] 李本图,员志超.网络应用识别系统的研究与实现[J].黑龙江科学,2016,7(11)：138-139.

[48] 奚文,余坤华,张世永.基于内容的旁路式邮件阻断技术在网络病毒防治中的应用[J].计算机工程,2004,30(7)：111-113.

[49] 何永飞,姜建国.基于旁路方式网络监控的TCP/IP协议分析与阻断[J].科学技术与工程,2007,7(20)：5409-5410.

[50] 贾大智.内网安全产品中的旁路阻断技术分析[J].计算机安全,2009(11)：29-31.